U0142342

朱建鏞 編著

園藝作物繁殖學

Propagation of
Horticulture Crops

五南圖書出版公司 印行

作者序

　　大學時代在陳國榮教授的苗圃學認識了園藝種苗生產。大學畢業後進入玫瑰花推廣中心工作，工作項目除了主要的玫瑰花高壓繁殖工作外，各種新引進的作物的無性繁殖試驗，都由本人處理。雖然當時沒有參與一些熱門作物的有性繁殖，但是耳濡目染也學到許多新的種子播種方法。平時張碁祥老師（員工都這麼稱呼老闆）要求我們這批大專生員工，下班後要閱讀他指定的英文花卉書籍，甚至翻譯投稿到花卉雜誌。另外只要張老師從台北回員林農場，每天晚上 8-11 時就是我們上課的時段。課程內容部分是由同事將平時的閱讀轉述給大家聽，另一部分是由張老師翻譯日文園藝雜誌給我們聽，促使大家能及時獲得國際上的園藝新知。由於理論與操作實務兼修，花卉作物的營養繁殖技術成長很多。至於品種權的概念也是由張老師啓蒙。

　　四年後，回中興大學擔任花卉學課程的助教。在當時能夠種植新品種的花卉並不容易，但因爲政府委託黃敏展教授負責花卉引種事宜，學校每年會試作新引進栽培的草花。又因爲要準備花卉實習的材料，每年需播種 200 種或品種的草花，並帶領學生栽培、選種以及採種，然後轉賣給各中小學美化環境。換言之從事花卉有性繁殖的工作持續了十一年。

　　民國六十年代中期臺灣開始發展組織培養。張老師特別商請王博仁教授准我到中興大學旁聽此課程。後來進修碩士學位也以組織培養爲主修。七十年代以後，進口的宿根花卉種苗爲組織培養苗，價格昂貴。爲了幫助農民降低生產成本，黃教授常常帶回新作物的繁殖體，要本人進行組織培養繁殖，漸漸的也熟練了組織培養繁殖的各種技術。

　　本書之原稿是本人爲「園藝作物繁殖學」課程而編寫了講義，並經江純雅小姐協助重新打字排版。爲了增加本書的精彩度又添加了一些與學生一起開發的繁殖技術。另外部分引用自他人的書籍或本人以前編寫的「園藝種苗生產」的相片則重新更換。更換的照片是由本人示範操作，經周盈甄小姐協助拍照攝紀錄。初稿完成並請陳秉訓老師協助校稿，謹致謝忱。

作者簡歷

1948 年	10 月	生於臺灣省新竹縣新竹市
1971 年	6 月	國立中興大學園藝學系畢業
1973 年	8 月	員林玫瑰花推廣中心員工
1973 年	12 月	高等考試暨農業技師園藝科考試及格
1977 年	8 月	國立中興大學園藝學系助教
1981 年	6 月	國立中興大學園藝學系研究所畢業
1988 年	2 月	國立中興大學園藝學系講師
1991 年	5 月	美國伊利諾大學園藝系博士課程畢業
1992 年	2 月	國立中興大學園藝學系副教授
1998 年	8 月	國立中興大學園藝學系教授
2008 年		行政院農業委員會全國優秀農業人員表揚。事由：從事花卉繁殖育種研究，協助花卉產業發展。
2010 年		第 34 屆全國十大傑出農業專家（國際同濟會臺灣總會）
2014 年	2 月	國立中興大學園藝學系兼任教授
2015 年	1 月	美商三好農業股份有限公司臺灣分公司特聘研究員
2017 年	2 月	陽昇園藝股份有限公司研發總監

CONTENTS・目錄

| 第 13 章 | 植物組織培養在園藝作物種苗生產上之應用　169

CHAPTER　1

種苗生產與農業

第一節　農業與人類的生活

　　地球上的生物分為植物和動物。人類為了獲取生活所需的能源，以維持生命，最早是以收集植物和獵捕動物來取得食物。隨著人類族群的擴大，收集植物和獵捕動物已經不足以供應人類的食物，於是開始栽培植物或飼養動物以獲得足夠的食物。由人類所栽培的植物稱為農作物，而由人類所飼養的動物稱為家畜。而這種從事栽培植物的生產事業稱之為農業，飼養陸生動物的生產事業稱之為畜牧業，飼養水生動物的生產事業稱之為養殖漁業。

　　農業包含了下列四大工作項目，茲說明如下：

　　一、收集可供利用的植物。當人類開始栽培管理所收集來的植物，這些植物就被稱為農作物（crops）。農作物可分為三大類，分別為 1.農藝作物：包括五穀雜糧、嗜好作物（茶或咖啡）以及纖維作物（棉花或亞麻）；2.園藝作物：包括蔬菜作物、果樹作物以及花卉作物；以及 3.森林作物。森林作物的功用，並非提供人類的食物，而是維護人類安全的生活環境，以及提供建築房屋或製作傢俱的資材。

　　二、繁殖作物：在自然界植物繁衍後代的行為稱為生殖，可分為有性生殖和無性生殖兩種。前者經過有性世代和無性世代的交替來繁衍後代。後者繁衍後代的過程中，不經過有性世代和無性世代的交替。在無性生殖中，細胞增殖的過程染色體不經過減數分裂，不產生有性世代的配子體。農作物同樣可以利用有性生殖與無性生殖產生後代。經由植物有性生殖系統將特定作物的數量增加，稱為有性繁殖，所繁殖的農作物個體稱為種子（seeds），種子經由播種培育的小植株稱為種苗（seedlings）；而經由無性生殖的方法來增加特定作物的數量，稱為無性繁殖，而所繁殖的農作物個體也稱為種苗。

　　三、作物生產：前項所繁殖的種苗，在人為控制的條件下栽培管理，以生產品質優良的作物產品（commodities）。作物產品的種類包括全株，例如種苗、球根、或是盆花；或者只有部分器官，例如切花或果實。

　　四、農作物產品的貯運以及加工：農作物常因栽培的環境因素不能週年生產，但是人類每天都需要農產品用以維生，因此需要適當貯藏農產品以便能週年供應生

活所需。而加工是指改變農產品的外形或質地或成分，期能貯存更久，或創造出不同於農作物初級產品的產品，以提供人類更多樣化的食物。

種苗生產的種類

　　所謂種苗生產是指「從事作物之品種改良、收穫種子、調製種子、繁殖並培育種苗、球根或苗木等工作」。農藝作物因為關係到民生所需的糧食，因此在我國，農藝作物種子的生產多由農政單位負責辦理，例如農業試驗所、各地區的農業改良場、或種苗繁殖場。森林作物因為關係著國家的水土資源，因此森林苗木也是由政府單位負責生產，例如各林區的管理處或林業試驗所。園藝作物不只物種多，而且品種也多，市場流行變化更迭快，加上單位價值高，因此園藝作物的種苗，在國內或國外都由私人苗圃或農企業生產供應。園藝作物的種苗生產，依栽培的目的不同可分為下列四種。

一、種子生產

　　種子是植物經由有性生殖產生的器官，也是最小的完整植物體。大部分草本植物，尤其是一、二年生草本的蔬菜作物、花卉作物以及農藝作物，都以種子為作物栽培的起始個體。少數草本多年生果樹（如番木瓜）或無性繁殖效率低的多年生宿根型草本花卉，也有以種子開始栽培的。

二、種球生產

　　多年生草本植物以形成肥大的貯藏器官的方法，逃避自然界不利於生存的惡劣環境，以維持物種的永續生存。這種具有特殊形態貯藏器官的植物稱為球根植物。很多球根植物不易進行有性生殖，或者當利用有性繁殖方法生產種苗，其後代不能維持原來的品種特性時，因此球根植物常會以球根做為下一季栽培的種苗。然而能

夠被稱爲是‘花卉種球’的商品，種球在種植後一定要會開花。但是花卉球根必需生長到有一定大小才具有開花的能力。換言之，花卉作物的球根並不一定能作爲花卉種球的商品。例如不會開花的水仙花鱗莖，不能視爲是水仙花的商業種球。種球繁殖生產的方法會因種球的形態和生理特徵不同，而有不同的無性繁殖方法。例如球莖類的唐菖蒲常以「木子」繁殖；而具地下根莖的薑，以地下莖爲繁殖的材料；鱗莖類則以鱗片爲材料繁殖新的小鱗莖（bulblet）；有些鱗莖類植物，莖幹上的腋芽長會發育成小鱗莖，這種小鱗莖稱爲「珠芽」（bulbil），例如百合花；或者從花序的基部長出小鱗莖，例如洋蔥，都可作爲繁殖材料。

三、苗木生產

　　早期園藝作物栽培所需要的種苗，都是由生產者自行播種繁殖所需要的種苗。但隨著栽培面積擴大，產業開始分工之後，爲了獲得物美價廉的種苗，實生苗育苗開始有專業的生產者。例如穴盤苗生產，其生產技術非一般作物栽培者所能勝任。另外經由無性繁殖的種苗，當需要大量整齊的種苗，也需要專業的繁殖技術，例如壓條、扦插、嫁接以及組織培養等，更需要有特殊的專業技術分工，才能大量供應種苗。

四、庭園苗木生產

　　是指專門生產已經開花的花卉種苗，或已經成型的大灌木或喬木的植株，供景觀造園用途。生產庭園苗木的種苗來源，來自前三項所生產的種苗，經過一段時間的培養，其植株個體的大小比前三項的種苗的個體大。庭園木的規格大小，依作物種類和景觀用途需求，從幾個月的苗木到數十年的苗木都有。由於苗木都相當大，因此苗木生產需要很大的栽培面積。近年來爲了提升庭園苗木移植後的成活率和品質，庭園苗木生產漸漸以容器栽培取代以往的田間栽培。

五、蘭花種苗生產

蘭科植物的種子在自然界需與蘭花共生真菌共生才能順利發芽生長。在 Kundson（1922）將蘭花種子播種在人工培養基後，蘭花種苗生產都以組織培養繁殖。種苗移出瓶外栽培還需經由小苗、中苗、以及可以進行催花的大苗等三個栽培階段，植株才會開花。由於栽培上採分工的接力栽培模式，因此蘭花的瓶苗、小苗、中苗，或大苗的規格都有一定的標準。在臺灣臺南市後壁區的蘭花生技園區是蝴蝶蘭種苗的重要產區（圖1）。

① 現代化蝴蝶蘭種苗生產，大苗栽培澆水作業。

第三節 種苗生產技術對園藝產業的影響

從農業活動的項目可以發現，選種和作物繁殖是農業活動的開始。沒有種子或種苗，就沒有作物栽培。換句話說，控制作物的種苗生產，就能控制農業生產，

進而影響國計民生。如果有好的種苗品質，農業生產就事半功倍；反之種苗品質不良，則會降低農產品的品質或產量，甚至增加貯運成本或損耗，也會影響到後續農產加工品的品質。

　　臺灣從西元 1980 年代開始，積極改進種苗生產技術，對臺灣園藝產業之發展都有舉足輕重的影響。例如穴盤苗生產技術、瓜果類或茄科的果菜類（簡稱茄果類，例如番茄）的嫁接技術、具斷根功效的栽培容器之研發、單節扦插技術、果樹嫁接技術以及植物組織培養技術等。茲將這些繁殖技術對園藝產業的影響分別說明如下：

　　早年一、二年生的蔬菜種苗，或花卉種苗，都是由生產者自行買種子育苗。到 1980 年代自國外引進穴盤苗生產技術後，由於苗的品質整齊，移植成活率高，且不會因為移植，根系受到傷害，而遲滯作物的生長。因此蔬菜與花卉的種苗，轉由專業種苗公司生產穴盤苗（圖 2），農民已不再自己育苗。

　　另外，葫蘆科或和茄科的果菜類（例如番茄）的生產，早期都採用實生種苗。但由於臺灣夏季高溫多溼，病害嚴重，造成農民重大損失。後來相繼研發了果菜類作物的嫁接方法，並且選拔耐熱、耐淹水以及抗病的砧木品種，從此臺灣夏季瓜果類和茄果類的生產，多採用嫁接苗。如今夏季瓜果類蔬菜的生產已經大幅成長。

　　西元 1980 年代中期，栽培於容器中的植物，其根的生理逐漸被了解也被重視，引發對盆栽容器構造的改良。例如育苗用的穴盤，每一個空格的底部經過改良為無底後，可以使穴盤育苗的種苗不會盤根。庭園苗木若以具斷根效果的盆栽容器（圖 3），或不織布製成的袋狀

② 專業種苗公司生產之穴盤苗。
③ 以具有斷根效果的栽培。容器栽培（左），沒有盤根的問題；右邊的栽培容器沒有斷根效果。

容器栽培，不只苗木沒有盤根的問題，還可以促進分枝，養成樹形美觀的庭園木；而且在庭園木移植時，也不會因移植逆境造成庭園木的損傷，改善了綠美化工程缺株和品質不良的問題。

又臺灣的玫瑰花切花產業在 1990 年代以前都以高壓繁殖方法繁殖種苗，而且切花品種皆自歐洲引種。但是長久以來，雖栽培國外品種，但從未支付品種權利金。在智慧財產權的意識高漲之後，歐洲的玫瑰花種苗公司不再出售新品種給臺灣，造成玫瑰花品種老化，生產力低。到 1990 年代初中興大學開發單節扦插繁殖方法（圖 4），不只降低了切花種苗的生產成本，而且可以利用進口的玫瑰花切花為繁殖材料。在玫瑰花尚未有品種權保護時，大量引進玫瑰花的優良切花品種，解決當時玫瑰花切花產業遭遇植株衰老、品種老化以及種苗短缺的危機。

④ 玫瑰花的單節扦插繁殖。

早期的嫁接技術只用來繁殖果樹或更新品種。但當對溫帶果樹的休眠生理與生殖生理有更深入的瞭解後，開發利用高接技術，將生長在溫帶的梨品種，已經花芽分化且打破休眠的接穗，於每年冬末春初嫁接於平地 ' 橫山梨 ' 樹徒長枝條的頂端（圖 5），使臺灣平地不只可以生產高品質的溫帶梨的品種，且產期可以提前在春末夏初收穫。由於產期比起溫帶地區生產的溫帶梨的品種提前一季，果實品質又

⑤ 利用嫁接技術在臺灣低海拔生產高品質的溫帶梨。（張哲嘉教授提供）

比 '橫山梨' 的果實好，價格高，因此開創了臺灣高接溫帶梨的產業。這種技術也適用於其他溫帶果樹，例如將打破休眠的獼猴桃花芽，嫁接到低海拔的常綠性臺灣獼猴桃植株上，即可在平地生產獼猴桃。

植物組織培養之研究始於二十世紀初，然而直到 1970 年代才大量應用於花卉種苗生產，尤其是宿根花卉和天南星科的觀葉植物。臺灣的蝴蝶蘭產業能夠蓬勃發展也是得力於在 1990 年代後，蝴蝶蘭的組織培養技術的精進。

第四節　作物品種權及其保護

為了不斷改進農作物之生產力，以及提昇農作物的品質，人類投入許多人力和物力，致力於作物品種改良。在早期的育種者，自己育成的品種皆由自己繁殖種苗銷售。漸漸的因為種苗市場需求量大，育種者與種苗生產者開始分工。由於專業的作物繁殖者不必負擔品種開發的成本，而育種者需負擔品種開發的費用，因此所生產的種苗價格較高，在市場上反而不具競爭力。為了維護市場公平競爭，並鼓勵種苗公司不斷的開發新品種，歐美各國都立法保護育種者的權利（Protection of Breeder Right，簡稱 PBR）。

美國是世界上第一個對作物品種給予專利保護的國家。西元 1930 年 5 月 23 日，胡佛（Hoover）總統簽署了「Townsend-Purnell Plant Patent Act」法案。從此美國對營養系繁殖作物有了植物專利保護。隔年，蔓性玫瑰花 'New Dawn'，取得世界第一件植物專利。在美國，植物專利保護是由商業部專利保護局管理。而種子系作物的專利保護，稱為植物品種權，是由農業部管理。

國際間為了在育種者權利保護有一致性的作為，以及各國之間的密切合作，於西元 1961 年在法國巴黎成立植物新品種保護國際聯盟（International Union for the Protection of New Varieties of Plants，簡稱 UPOV），同年並制訂公約。公約中規範了給予新品種育成者之最基本權利保護範圍，同時制訂相關的檢定方法與標準，當國際有育種者權利保護的爭議時，並擔任仲裁者，也提供各國在 PBR 執行技術上交換意見與經驗的平臺。植物新品種保護國際聯盟的公約曾在 1991 年修法，

最主要修正的內容是有關於衍生品種權的規範。另外在檢定方法與標準上則依作物需求不定期會有修正的版本。目前UPOV制訂之檢定植物的方法與標準共有260個植物種類（http://www.upov.int/en/publications/tg_rom/tg_index.html）。臺灣於1988年依UPOV公約的精神，並參考其規範制訂了「植物種苗法」，後來也再依UPOV 1991年的版本修法，於2004年將「植物種苗法」修正為「植物品種及種苗法」。

⑥ 朱槿「中興大學1號」在日本的品種登錄證書。

育種者權利保護採用屬地治權管理，即擬在那一個國家申請品種權，就必須向當地政府申請註冊，例如作者在中興大學時期育成的朱槿品種「NCHU-1」。在日本申請登錄品種權（圖6）。在歐盟雖然品種檢定是否為新品種只需檢定一次，但是必須分別在不同國家都需申請保護後，才分別具有在不同國家的品種權。例如朱槿「亞細亞紅寶石」向荷蘭政府申請品種權，然而朱槿在歐盟的檢定機關在德國，品種權證書由UPOV核發（圖7），品種權保護僅及於荷蘭境內。

我國主管品種權的機關為行政院農業委員會，新品種經檢定機關檢定新品種具有新穎性、可區別性、整齊性以及穩定性，再經植物新品種審議委員審議通過後，即由行政院農業委員會頒發作物新品種權證書（圖8）。所謂新穎性是指新品種曾經推廣或販售未滿一年的品種；可區別性是指新品種與曾經推廣、或銷售的品種具有一項以上可以區別的特性；整齊性是指新品種送檢定的植株材料的特性很整齊沒有異形的植株；穩定性是指新品種送檢植株經再繁殖後，其後代的性狀與原來的品種性狀相同。取得品種權後，其權利保護年限草本植物為二十年，木本植物為二十五年。在權利保護期間內，除品種權人或取得品種權人的授權者外，他人不得從事新品種的生產、栽培、或營利。國外的花卉拍賣市場，未經授權生產的產品是

不被接受拍賣的，因此每件花卉產品的包裝上，都被要求有品種標示、品種權字號
以及授權生產字號。中興大學為推廣尊重植物品種權的概念與品種權的管理制度，
對所有授權的盆花品種，也都要求被授權者，在上市的產品上必需貼上授權標章
（圖9）。

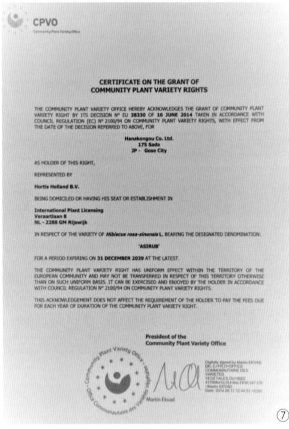

⑦ 朱槿'ASIRUB'由 UPOV 核發的品種權證書。
⑧ 九重葛'粉紅豹'在中華民國的品種權證書。
⑨ 中興大學長壽花'中興3號'品種授權標章。

CHAPTER 2

植物繁殖生物學

第一節　植物的細胞分裂

　　植物的細胞分裂分為有絲分裂和減數分裂兩種。前者的發生是在維持細胞染色體數和型式的延續。植物的生長或增殖，都需要有細胞有絲分裂的進行；後者則形成生殖細胞，例如花粉母細胞（2n）經減數分裂形成花粉細胞（n）；另外，胚囊（embryo sac）內的大孢子母細胞（2n）先經減數分裂再經有絲分裂形成 8 個核（nuclei），其中有 3 個反足核、2 個極核、2 個輔核以及 1 個卵核，每一個核細胞都只有單套染色體（n）。

　　單一細胞的生活史稱為細胞週期（cell cycle）。換句話說，從一個細胞開始分裂，到下一代細胞開始分裂的時間，就是一個細胞週期。每一個細胞週期包括了一個分裂期和三個分裂中間期（interphase）；分別為 DNA 合成前期（G_1）、DNA 合成期（S），以及 DNA 合成後期（G_2）期。在 G_1 期，接續前一期的細胞分裂，細胞內有旺盛的生化反應，使細胞內的成分增加，而且細胞也會增大，然後停止活動。在 S 期間進行 DNA 的合成和複製，事實上 S 期可視為細胞週期的開始。而 G_2 期則複製成套染色體，以備接續下去的分裂期（mitosis, M；圖 1）。

　　分裂期又可分為前期（prophase）、中期（metaphase）、後期（anaphase）以及末期（telophase）。在前期時，染色體縮短變粗，並依物種而形成不同大小、數目以及特殊形態。每一染色體有兩根染色分體（chromatid），由中節連結在一起。每一染色體的中節與以紡錘絲連結染色體，並向中期板（metaphase plate）移動，最後集中在紡錘體的赤道位置上。

　　在分裂期的中期時，染色體會集中分佈在中期板，而中節都集中在紡錘體的赤道位置（中節定向）。在後期時每一染色體的姊妹分體分開向紡錘體的兩極移動，到末期二組染色分體分別移動到達紡錘體的兩極位置，並形成兩個子核。接著進行細胞質分裂（cytokinesis, Cy.）並且生成細胞壁，最後形成 2 個新細胞（圖 1）。

　　細胞減數分裂（meiosis）可以分成兩個細胞週期，在第一次分裂週期與第二次分裂週期中間有一段的分裂中間期。減數分裂的第一次分裂的細胞週期與有絲分裂相仿，而在第一次分裂週期和第二次分裂週期的分裂中間期的時間長短不一定，也

有在兩次分裂之間沒有分裂中間期的。換句話說，在第一次分裂的 G_2 期通常會縮短或完全無 G_2 期，即減數分裂立即發生在分裂中間期的 S 期之後。在第二次分裂的細胞週期，S 期並未再合成複製 DNA，因此在 G_2 並未能形成雙套染色體，因此再經第二次分裂後，新形成的 4 個細胞，其染色體爲單倍體（圖 2）。

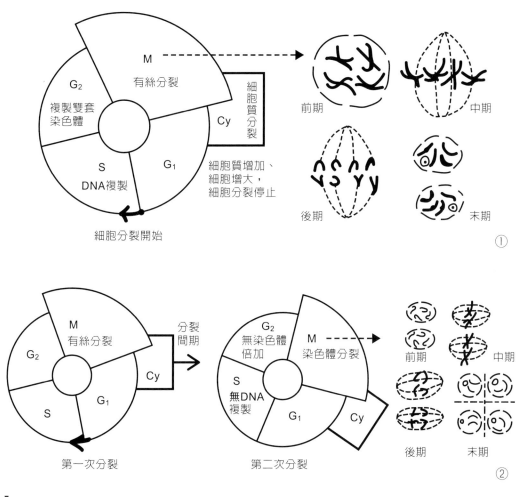

① 細胞有絲分裂的細胞週期。
② 細胞減數分裂的細胞週期。

**第二節　植物荷爾蒙**

　　植物體內生合成的有機化合物可用來調節植物之生長與發育，這些化合物稱為植物荷爾蒙，可分為五大類，分別為：生長素（auxin）、細胞分裂素（cytokinin）、徒長素（gibberellin, GA）、離層酸（abscisic acid, ABA）以及乙烯（ethylene）。其他也被視為荷爾蒙的化合物，還有花粉素（brassinosteroids）、茉莉花酸（jasmonate）、柳酸（salicylic acid）、多胺類（polyamines）以及胜肽（peptide）荷爾蒙等。不是在植體內生合成，而是由人工合成的，且分別具有與上述荷爾蒙相同生理作用的化合物，稱為植物生長調節劑。例如生長素類的荷爾蒙有吲哚乙酸（IAA），而生長素類的生長調節物質有吲哚丁酸（IBA）、萘乙酸（NAA）等。又如屬於細胞分裂素荷爾蒙有玉米素（zeatin），而屬於細胞分裂素生長調節物質有甲苯胺（benzyladenine, BA）等。茲將各類植物荷爾蒙的生理特性分述如下：

1. 生長素

　　生合成生長素的地方包括莖的分生組織、葉原體、維管束組織以及生殖器官，包括發育中的種子。這些器官經由 L- 色胺酸（L-tryptophan）合成 IAA，大部分植物組織中的 IAA 都與胺基酸、或醣結合，而有生理作用的游離態 IAA 約占全部 IAA 的 1%。生長素在細胞之間的輸運，需要流出的攜帶者（efflux carrier），此物質只存在植物細胞向基端（proximal end）的細胞膜。因此生長素的輸運有趨極性，即生長素會從莖生長點流向根的部位。生長素的濃度，呈現向基端的梯度變化，這對形成正常胚芽，或枝條是非常重要的。植物的向光性、頂端優勢、促進形成層的活性或側根分化都與生長素有關。

　　另外由於生長素會促進不定根形成，因此常被利用於製作發根促進劑，簡稱發根劑、或開根素。然而 IAA 易被光解，而且也容易被 IAA 氧化酵素氧化而失去生理活性。相對的生長素類的生長調節物質，例如 NAA 或 IBA，比較不會被 IAA 氧化酵素氧化，因此常被利用於做發根劑。另外 2,4-D 除草劑也是生長素，常在組織培養時被利用於誘導體胚芽的再生。生長素不溶於水，但可溶於有機溶劑，例如酒

精或二甲基硫酸（dimethysulphate，DMSO），但前述各種含鉀的生長素鹽類，例如 K-IAA、K-IBA 則可以溶於水。

2. 細胞分裂素

最早的細胞分裂素是由 Miller 和 Skoog 將魚精子的 DNA 高溫加壓而得到的激動素（kinetin），接著才在玉米的胚乳發現玉米素（zeatin），在植物其他部位和種子發現 isopentenyladenine（2-ip）。這些細胞分裂素與後來人工合成的甲苯胺，都是屬於胺基嘌呤（aminopurine）的化合物。另一類人工合成的細胞分裂素是尿素的衍生化合物，例如 thidizuron（TDZ）和 N-（2chloro-4-pyridyl）n'-phenyl urea（CPPU）。

根尖是最主要生合成細胞分裂素的器官，另外，胚芽、未成熟的葉或果實也會合成細胞分裂素。細胞分裂素容易與醣、胺基酸、核醣結合分離。細胞分裂素主要調控細胞週期和有絲分裂、莖分化發育、光形態再生。但細胞分裂素在植體內之輸運非常緩慢，也不容易被氧化或分解，因此處理細胞分裂素要直接處理在作用部位上，也盡可能不要處理過量。

植物細胞具有再生成為一個完整植物體的潛能，稱之為全能分化潛力（totipotency），而控制植物細胞分化者為生長素和細胞分裂素。當細胞內的生長素濃度較高時，細胞趨向於分化根，而當細胞內的細胞分裂素濃度較高時趨向莖的生長。因此生長素有促進根生長的能力，而細胞分裂素則可促進芽體的再生，或腋芽的生長。

3. 徒長素

第二次世界大戰前日本科學家在水稻徒長苗中發現 *Gibberella fukikuori* 真菌，並從此真菌萃取出有效成分，稱為徒長素（Gibberellins），也就是 GA_3，大部分徒長素的商品也是 GA_3。此類物質有 100 種以上，但在自然界較重要的徒長素是 GA_1、GA_4 以及 GA_7，而 GA_1 或 GA_4 是許多植物初級的徒長素。

徒長素在發育中的種子、果實、伸長的莖和根製造，其主要功能是促進植株長高，以及打破種子休眠，或促進產生澱粉酶（amylase），將儲存的澱粉分解成醣。GA 合成的過程中，有許多化合物會阻斷其生合成反應，例如 ancymidol、

cycocel、paclobutrazol 和 uniconazol（Sumi-7）。由於這些人工合成的化學物質會抑制 GA 的生合成，使植物伸長作用受阻，造成植物矮化的現象，故被稱為植物生長抑制劑（plant growth retardants），簡稱矮化劑。但植物生長抑制劑並不能抑制外加 GA 對植物所產生的生理作用。在繁殖上，GA 常與細胞分裂素同時使用，用來促進腋芽生長。例如常春藤、黃金葛之蔓性植物的扦插繁殖，扦插枝條發根容易，但是其腋芽不容易萌芽，常利用甲苯胺混合 GA 的溶液，噴施於已經發根的植株，以促進腋芽萌芽。

反之若枝條節間過於伸長（徒長現象）的枝條，不容易發根。因此這一類的作物，在栽培管理時噴施生長抑制劑，所生產的扦插插穗，容易發根。又在組織培養時，若培養的植株密度高而不容易發根，可以在培養基中添加生長抑制劑，以抑制植株的徒長現象（尤其是單子葉植物），可以改善培養植株的發根，例如蘆筍、蝴蝶蘭。

4. 離層酸

在 1960 年代，因研究落葉與芽體休眠而發現離層酸（ABA），因此 ABA 又被稱為休眠素（Dormin）或離層素 II（Abscisin II）。雖然落葉的主要原因並非由 ABA 引起，但種子或腋芽的休眠與 ABA 有密切關係。ABA 的主要生理作用有：調節水分逆境、調控氣孔開關，在缺水時也會促進根生長。在種子成熟（胚成熟）後開始逐漸脫水時，種子內 ABA 含量會越來越高，也使胚芽維持在休眠狀態。ABA 是經由胡蘿蔔素衍生合成，它有正式和反式兩種異構物。在植物體中反式 ABA 的生理作用較強，濃度也較高。在化合物中也有「正」和「負」兩型，二者不能相互轉變。在商品化合物中含有兩型，其中「正」型的 ABA 具有生理作用也存在植物體中，而「負」型的 ABA 毫無生理作用。氟啶酮（Fluridone）是胡蘿蔔素生合成的抑制物，也會降低 ABA 的含量。ABA 的作用主要經由細胞 ABA 濃度之控制。在自然界將器官置低溫環境下，ABA 被分解，即打破休眠。球根植物添加 ABA 於培養基中可促進結球，利於移出瓶外成活，但因休眠程度不一，發芽不整齊。隨著組織培養苗移出瓶外技術的改進，利用 ABA 促進球根作物在培養瓶內結球，然後才將植株移出瓶外的操作方法，目前已不採用。

5. 乙烯

乙烯對植物的生理作用最早在 1901 年即由 Dimitry Neljubow 發現。他注意到照明的街燈當瓦斯燃燒不全時，會對植物造成傷害。他也用白化豆苗研究乙烯對植物生長的影響，發現了乙烯可以抑制莖的伸長，使下胚軸肥大，以及呈現水平生長的莖。經後人更進一步的研究，高濃度乙烯會使植物的葉片有上偏生長的現象。乙烯也與老化落葉、落果、落花、頂端優勢、乳汁產生以及催花有關。在繁殖上乙烯可促進不定根生長、種子發芽及克服休眠。植物受傷、遭受逆境或施用生長素過量會促進乙烯產生，在具更年期的果實成熟過程中，也會產生乙烯，而乙烯也會催熟具更年期的果實。石油或碳燃燒不完全也會產生乙烯，但在園藝操作上，常在植物體上噴施「益收」生長調節劑（Ethephon; 2-chloroethyl phosphoric acid）產生乙烯。乙烯是氣體荷爾蒙，故在植物體內的轉運上沒有困難。

在植物繁殖上，因為乙烯會誘導植物體生合成更多的乙烯，而過量乙烯會造成植株的老化，故在作物繁殖上不會利用此荷爾蒙促進植物生長，反倒是常用到乙烯生合成阻斷劑 aminoxyacetic acid（AOA）或用乙烯作用於植物上接受器的競爭者 1- 甲基環丙烷（1-methylcyclepropane; 1-MCP），來抑制乙烯的生理作用，以防止種苗貯運過程中的落葉或落花蕾。又如蝴蝶蘭組織培養過程中繁殖體的分割，因繁殖體受傷而產生大量乙烯的生合成，造成老葉變黃。這種現象可以利用處理適量的 1-MCP 而獲得改善。

種子植物的生活史

植物個體從種子發芽算起，經幼年期、轉變期到具生殖能力的成熟期。每一種植物其幼年期的時間，有從數天到數十年不等（表 2-1）。在幼年期的植株，即使生長在適於生殖生長的環境，例如長日植物在長日環境下，植株不會進入生殖生長。另外有些植物幼年期的葉片形狀與成熟期的葉片形狀會有很大的差異，例如長春藤（*Hedera helix*）、尤加利屬的物種（*Eucalyptus* spp.）等。又在發根生理上，幼年期與成熟期的植物也有差別，例如薜荔，在幼年期的枝條發根容易，成熟枝條

發根困難。成熟期的植株在適於生殖的環境下，植株會進入花芽分化後開花結果，最後衰老死亡，這整個生命現象的過程稱為植物的生活史（life cycle）。若植物在一年之內可以完成其生活史，稱為一年生的植物；若完成生活史在一年以上、二年以內可以完成其生活史，此植物稱為二年生的植物；若完成生活史的時間在二年以上，則此植物稱為多年生的植物。

表 2-1　植物幼年性的期間

物　種	學　名	幼年期期間
薔薇類	*Rosa* spp.	20-30 天
聖誕紅	*Euphorbia pulcherrima*	3-4 月
葡萄類	*Vitis* spp.	1 年
核果類（桃、李、梅、櫻）	*Prunus* spp.	2-8 年
柑桔類	*Citrus* spp.	5-8 年
梨	*Pyrus* spp.	6-10 年
楓	*Acer* spp.	15-20 年
橡樹	*Quercus robur*	25-30 年

　　一年生或二年生植物皆為草本植物。在高緯度地區的一年生植物為了避開冬季低溫，其生活史為春季發芽、夏季開花、秋季結種，入冬前完成生活史。在乾溼交替明顯地區的一年生植物，則是在雨季來臨開始發芽，在進入旱季的初期開花結種，完成生活史。二年生植物一定會經歷一個冬天，冬天的低溫和夏天的長日控制植物由營養生長進入生殖生長，冬季低溫使植物能夠從營養生長轉變為生殖生長的作用稱為春化作用（vernalization）。二年生植物一定要發育到一定大小，再經歷低溫春化作用才會開花，例如星辰花。這種春化作用稱為「綠春化作用」（green vernalization）。植物需要經過綠春化作用才能開花的，完成生活史一定需二年生或多年生。

　　若植物在種子發芽初期，立即可以感應低溫進行春化作用，稱為「種子春化作用」（seed vernalization），例如蘿蔔、小白菜等都屬於種子春化作用型的作物。種子春化作用型的作物若在春天低溫期過後播種，則必須到冬天才會遭遇低溫行春化作用，因此完成植物的生活史需要一年以上的時間，屬於二年生植物；然而種子

春化作用型的作物若在秋天播種，很快的在冬天進行春化作用，因此在翌年春天開花，秋天前即已經種子成熟，植株衰老死亡，整個生長期不滿一年，應屬於一年生植物。換句話說：具種子春化作用型的二年生植物，會因種子春播或秋播而成為二年生或一年生植物，後者又稱為秋播一年生草本植物。

　　多年生植物可能為草本植物或木本植物。多年生草本植物若在地表下會形成特殊形態的貯藏器官，稱為球根植物（bulbs）。球根植物在環境不適於生長的季節，地上部會枯死，經過高溫或低溫打破休眠後，球根上的頂芽會萌芽並進行下一季的生長。另一型沒有貯藏器官的多年生草本植物，在不適於生長的環境下，植株的莖生長會變成莖節加粗且短，同時葉片加厚的生長形態，此種宿根草本植物特有的形態稱為「簇生生長」（rosette）。植物簇生生長後，必須再經冬季自然的低溫一段期間以後，才能恢復正常生長型態。這類植物總稱為宿根型多年生草本植物，例

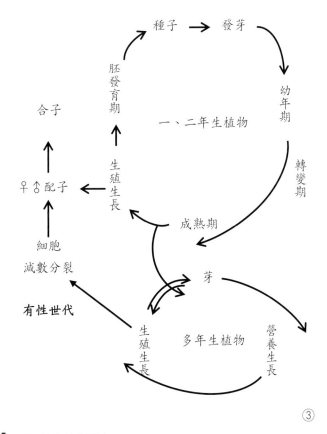

③

▋ ③ 植物的生活史。

如宿根滿天星、菊花、或洋桔梗等。木本植物在遭遇乾旱或低溫環境下，葉片會脫落，而頂芽（莖生長點）進入休眠。頂芽通常都有數層的鱗片保護以避免脫水或遭受寒害。當旱季或低溫期過後，則頂芽打破休眠開始萌芽，植物又進入下一年度的生活史，循環不已（圖3）。

 **第四節　植物的有性生殖**

植物無性世代個體細胞經減數分裂產生雌或雄配子體為有性世代的細胞。雌配子體與雄配子體結合成合子，再度結合成無性世代的細胞，合子發育成胚芽，與其他花器官的細胞發育成種子或果實。這整個過程稱為植物的有性生殖。因此利用種子（孢子）作為繁殖個體的繁殖方法，稱為有性繁殖。

1. 無種子之維管束植物的有性生殖

無種子的維管束植物經由孢子繁殖，例如蕨類植物等。在蕨類的葉片成熟後。葉背面或葉緣會長出許多的孢子囊群（圖4）。當孢子成熟時，孢子囊殼會開裂，釋出孢子。孢子在適當的環境（溼）下開始萌芽，形成心臟形的原葉體

④

④ 鐵線蕨的葉片背面上成熟的孢子囊。

（prothallus）。原葉體成熟時，在原葉體背面的心形的心窩處，會形成藏卵器
（archegonia），在尖端則形成藏精器（antheridia），此處也形成假根（rhizoid）
以吸收養分。當精子成熟後，精子由藏精器釋出，並游動到藏卵器，附近，然後進
入藏卵器與卵結合，發育成下一世代的孢子（圖5）。

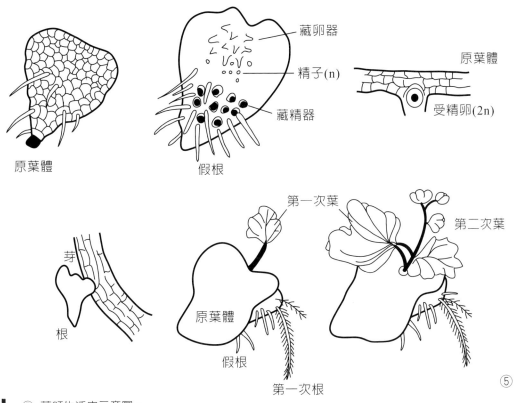

⑤ 蕨類生活史示意圖。

2. 裸子植物的有性生殖

　　成熟的裸子植物枝條分化的生殖器官（reproductive strobili），分別產生產卵
的毬果（ovulate cones）和產精子的毬果（staminate cones）（圖6）。大孢子母細
胞或小孢子母細胞直接長在毬果的鱗片之間並沒有子房的花器構造，因而被稱為裸
子植物。大孢子母細胞經減數分裂產生四個單套染色體的大孢子，但其中僅有一個
大孢子能順利發育。大孢子內有 2 個單套染色體的卵和貯藏組織。

　　小孢子母細胞經減數分裂形成 4 個花粉粒，每粒花粉具有單套染色體花粉細

胞，細胞兩側有翼以利用風媒介來傳播花粉。當花粉粒在雌性大孢子上萌發花粉管後隨即穿入大孢子內。花粉的精子與大孢子的卵結合成二倍體的胚芽，而大孢子內的貯藏組織細胞則發育成種子的貯藏組織，貯藏組織的細胞染色體為單倍體。大孢子雖然或有 2 個卵細胞受精，但通常一個大孢子只有一個受精卵可以發育成胚芽，而每一個成熟的胚芽具有多個子葉（圖 7）。

⑥ 二葉松的雌花序 (左) 與雄花序 (右)。

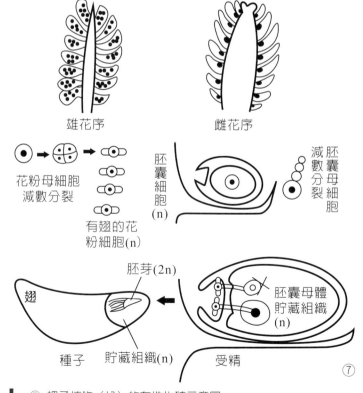

⑦ 裸子植物（松）的有性生殖示意圖。

3. 被子植物的有性生殖

　　花藥內的花粉母細胞經減數分裂形成 4 個花粉細胞，而在子房內的大胞子母細胞也經過減數分裂產生 8 個核細胞，即 3 個反足核、2 粒輔核、2 粒極核、以及 1 粒卵核。當花粉在柱頭萌發出花粉管，花粉管會穿入胚囊內，花粉管內的前端有一粒管核，另外還有 2 粒精核。其中的一粒精核會與胚囊內的卵核結合成合子，另外一粒精核也會與胚囊內的 2 粒極核結合；前者受精後發育成 2n 的胚芽，後者受精後發育成 3n 的胚乳。這種受精過程，稱爲雙重受精（圖 8）。

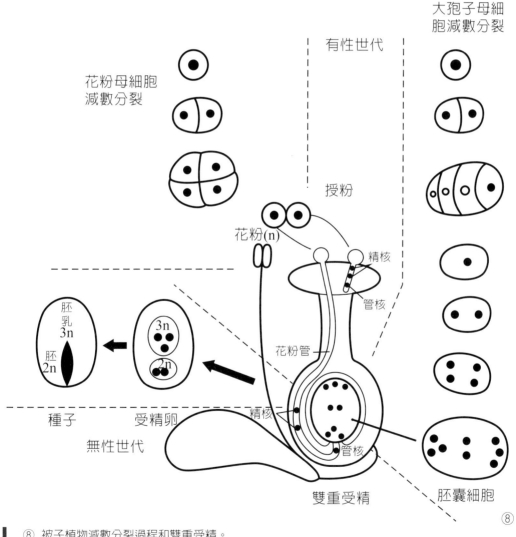

⑧ 被子植物減數分裂過程和雙重受精。

另外，原來的胚囊發育成種子皮，而子房壁最後發育成果肉的組織。大多數的種子從接合子到種子成熟的發育過程可分為 3 階段，即組織分化期、細胞增大期以及成熟乾燥期。

4. 種子發育

裸子植物（例如松樹）的受精卵經細胞分裂形成一多核細胞，稱為游離核時期（free nuclear stage），此時的細胞核與核之間並無細胞壁。接著細胞壁組織化並形成和一個多細胞的胚芽帶（embryo tier of cells）和胚柄帶（suspensor tier）。胚柄帶細胞再分化成初級胚柄細胞群（primary suspensor cells）和胚柄管（suspensor tubes）。原始胚芽（proembryo）就著生在每一個伸長的胚柄管上，亦即每一胚柄上都有一原形胚（圖 9）。

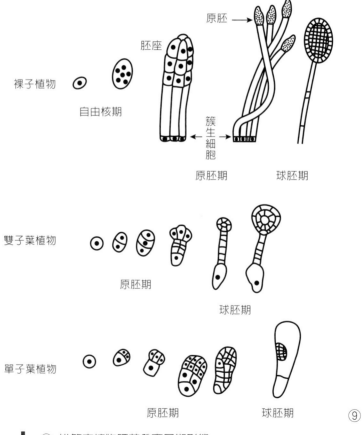

⑨ 維管束植物胚芽發育早期形態。

　　雖然一粒種子內有許多胚珠，然而通常只有一個胚珠可以繼續完成發育成胚芽，即每粒種子只有一個胚芽。原始胚芽分化表皮層後，接著子葉原體逐漸形成，最後，每一胚芽有多個子葉，例如二葉松就有 8 個子葉。

　　雙子葉植物種子的組織分化由合子開始分化，一直分化到子葉胚的前期，而胚乳細胞也同時不斷在細胞分裂。在雙子葉植物，胚芽的分化可分爲：原始胚芽期、球形胚芽期、心臟胚芽期、魚雷胚芽期以及子葉胚芽期。接合子先進行縱向分裂爲基部細胞和頂部細胞。頂部細胞繼續縱向分裂成一個或數個的胚柄細胞。隨後，頂端細胞進行平週分裂，形成 16 個細胞的球形胚，此時球形胚的基部細胞稱爲下垂體（hypophysis）細胞，繼續發育成胚根。球形胚的外層發育成胚芽的表層，而胚芽的內層細胞則發育爲初生形成層和胚芽的基本分生組織（圖 9）。隨後，球形胚芽繼續發育成心臟胚期時，可以看到子葉原體，子葉原體伸長時，胚芽呈魚雷形，此時期的胚芽已經分化有頂端分生組織、胚根、子葉以及下胚軸等構造。胚芽的發育伴隨著胚乳的發育，胚乳可供給胚芽生長所需的養分。無胚乳種子當胚芽進入子葉胚期時，子葉漸增大而胚乳漸少，最後種子爲子葉所塡滿（圖 10）。

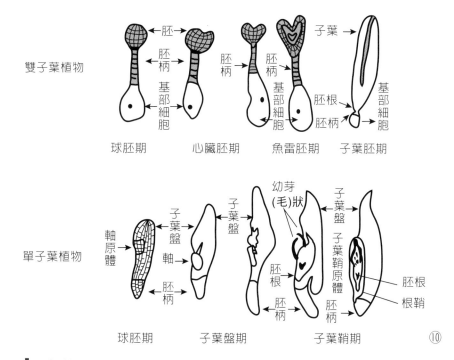

⑩ 被子植物各個胚芽發育時期的形態。

　　單子葉植物早期的原始胚芽期和球形胚芽期的發育與雙子葉植物相似。但是單子葉植物的胚柄構造並不明顯。直到原始胚芽期的末期時，胚芽的外皮層則非常明顯，相對於雙子葉的球形胚期，單子葉植物的原始胚芽會有一群的細胞快速分裂並構成胚軸（圖9）。相對於雙子葉的心臟胚期，單子葉植物稱爲子葉盤期（scutellar stage），此時期單子葉的子葉變形成子葉盤（scutellum），爲生長於胚軸與胚乳之間的傳導組織。相對於雙子葉的魚雷胚期，單子葉植物稱爲葉鞘期（coleoptilar stage），此時期的胚軸分化幼芽（plumule）和胚根，分別被覆於葉鞘（coleoptile）和根鞘（coleorhiza）之下（圖10）。

　　種子內胚芽形態的分類是以種子內胚芽的位置及其大小而分類。當胚芽的體積小時，種子內腔大部分是胚乳組織，這類種子發芽所需的養分由胚乳提供。若胚芽的子葉很大，種子沒有胚乳時，則種子發育所需的養分由子葉提供。種子胚芽的形態可分爲四種，第一類胚芽生長的位置在種子基部，種子內大部分爲胚乳。依胚芽的形狀又可分爲原始型（rudimentary）、廣胚芽型（broad）、頭狀胚芽型（capitate）以及側胚芽型（lateral）。第二類胚芽生長於種子周圍成環形而將來自母體的貯藏組織和胚乳組織包被在內（例如甜菜種子）。第三類的胚芽生長在種子的中軸上，種子內有大量的胚乳，依胚芽的大小可分爲直線型、螺旋型以及迷你型。第四類爲子葉胚，種子有較大的子葉，依子葉的形態分類可分爲，扁平型、全型、彎曲型、以及皺褶型（圖11）。

　　當種子發育達第二階段末期，胚芽已發育完成時，稱爲達到生理的成熟期，此時期種子的鮮重量和乾物重量皆達最大值，種子的發芽活力也最高。大多數的植物種子在生理成熟期後，即進入成熟脫水階段。種子在進入此階段後，胚柄從此不再有維管束連接母體。種子內的水分也迅速從種子表皮或更迅速的從種臍處散失。最後的水分則留在臍的位置。接著有些種子在脫水後進入休眠（ABA累積），也有些植物甚至形成不能透水的種皮。這種能自然脫水乾燥的種子稱爲正常種子（Orthodox seeds）。另外有些種子在生理成熟期後，並不進入成熟脫水的階段，不能自然脫水乾燥的種子，稱爲頑固種子（recalcitrant seeds）（圖12）。

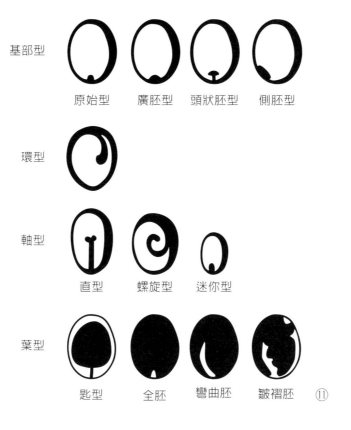

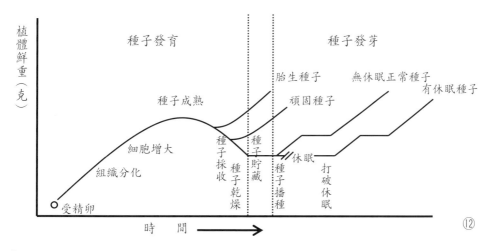

⑪ 植物胚芽的形態。
⑫ 種子發育及種子發芽之鮮重變化。

種子成熟後不能脫水的種子，有時會在果實未脫離母體時就開始發芽，這種現象稱爲胎生（vivipara）（圖12），例如水筆仔的有性生殖屬於胎生。許多頑固種子若果實的含水量較高，或栽培環境水分高，也常發生胎生現象，例如柑桔類種子或落花生種子。頑固種子的含水量高，因此不耐貯藏，例如芒果、荔枝、龍眼的種子，都不耐貯藏（圖12）。如果將頑固種子強制脫水，則種子的發芽力會急速下降，甚至完全喪失發芽力。

第五節　植物的無融合生殖

大多數種子在雌雄配子融合後發育成胚芽，但是有些胚芽的發育不是來自雌雄配子融合的合子，而是來自母體的其他細胞，這種現象稱爲無融合生殖（apomixis）。這種產生胚芽的過程中並未發生有性世代（產生雌雄配子體）與無性世代的交替（雌雄配子結合成合子），故屬於無性生殖。

無融合生殖分爲兩大類，一爲配子型（gametophytic）的無融合生殖，另一爲孢子型（sporophytic）的無融合生殖。前者又分爲二倍體配子和無配子體的無融合生殖。若大孢子母細胞並未進行減數分裂，而是在胚囊中直接形成二倍體的卵細胞，然後直接發育成胚芽，稱爲二倍體配子的無融合生殖（diplospory apomixis）。

若大孢子母細胞進行正常的減數分裂，產生單倍體的卵，但在受精之前，卵消失，但由相同胚囊內的細胞發育成胚芽，稱爲無配子的無融合生殖（apospory apomixis）。

在孢子型的無融合生殖中，大孢子母細胞進行減數分裂，胚囊中的卵也正常受精，另外同時也從珠孔附近的珠心細胞（nucellus）發育成多個胚芽，這些胚芽也稱爲不定胚芽、珠心胚、或珠心的芽（nucellar budding）。孢子型的無融合生殖的種子中，有一個較強的有性胚芽和數個無性胚芽，而種子內同時有有性胚芽和無性胚芽，這現象稱爲相對性的無融合生殖（facultative apomicts），這種一個種子中有多個胚芽的現象，又稱爲多胚性（polyembryony）。例如柑桔類的種子即屬於具多胚芽的相對性無融合生殖的種子（圖13）。而在配子體無融合生殖現象

中，只產生無性胚芽，因此又稱爲絕對性無融合生殖（obligate apomicts），例如以猩猩草（*Euphorbia cyathophora*）爲母本與聖誕紅雜交，其後代都爲猩猩草。另外還有一種直接由已經細胞減數分裂的卵，直接發育成單倍體的胚芽。這種無融合生殖稱爲無性的無融合生殖（Nonrecurrent apomixis）。

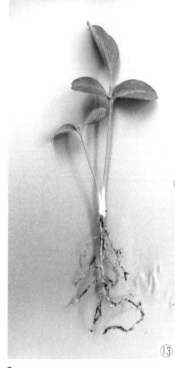

⑬ 「茂谷「柑橘的種子播種，發育出兩株苗。比較大的苗株來自有性胚芽（右），另外一株來自無性胚芽（左）。

CHAPTER 3

作物繁殖環境與調控繁殖環境的設施

第 1 節　自然環境

第 2 節　根生長環境

　　作物繁殖期在整個作物的生活史中只是一段很短的時間。生長快速的蔬菜作物只要數星期的時間，而觀賞樹木則需要數年的時間。現代化農作物生產，種苗生產與栽培生產已經分工。小型苗木的生產，例如播種、扦插繁殖或組織培養繁殖多採用以穴盤苗生產系統（plug system）繁殖。大型苗木的生產，例如壓條繁殖或嫁接繁殖多採用需要漸進式換大盆（shift pot）的生產線系統（liner plants）。爲了提升繁殖效率，以及生產出品質更好、更一致的種苗，需要將繁殖環境調控到最適當的條件。在現代化專業的作物繁殖育苗場地，都備有各種可以調控植物生長環境的設備（圖1）。本章將敘述不同繁殖體（propagules），例如種子或扦插枝條的繁殖環境以及管理方法。

① 繁殖場的設備包括：控溫、控溼、控光、以及通風設備。

第一節　自然環境

　　植物生長的自然環境因子包括有：光、溫度、水、及溼度。這些因子在調控時，不只會交互影響，而且對植物的生理與生長也會有交互的影響。因此在調控前述環境因子時，需同時注意其他因子的變化，找出最適當的平衡點。

1. 光

　　光照強度是光合作用的輻射能源，不同作物進行光合作用所需的光照強度各有不同。另一方面光輻射能源照在葉片上，部分能源會轉換成熱能。植物為了降低體溫，必需利用蒸散作用將熱能散出體外，此時植物會失水，若失水過多，氣孔會閉合，此時二氧化碳就不能進入葉肉組織內進行光合作用。在嫩枝扦插繁殖時，嫩枝中貯存的養分不多，若扦插枝條不能進行光合作用，嫩枝缺乏發根所需要的能源，嫩枝則不發根。種子繁殖或成熟枝扦插繁殖，雖然繁殖體貯藏足夠發根的養分，但後續的生長，若光合作用不足，植株只會長出細弱的枝條。因此在繁殖作物時，繁殖環境的光強度太強，可以利用遮光網遮掉過多的光線。相反的，如果在冬季繁殖作物遇上連續陰雨天，繁殖環境的光度不足，可以利用人工光源補充光強度。

　　另外自然界在一天二十四小時的日夜週期變化中，也控制著植物許多的生長與分化。例如種子對光敏感的發芽基本機制，在於一種有光化學反應的色素稱為光敏素（phytochrome）。光敏素存在廣泛的植物體中，當吸水後的種子放在紅光環境下，無光反應的紅光型的光敏素（P_r）會轉變成可以刺激種子發芽的紅外光型的光敏素（P_{fr}）；若吸水後的種子放在紅外光或暗環境下，可以刺激種子發芽的紅外光型的光敏素（P_{fr}）會轉變成無光反應的紅光型的光敏素（P_r）。在自然界細微粒的種子，多為需要在光環境下才能發芽。因此在陽光下，紅光與紅外光的比值為 2：1，種子才能夠順利發芽。但在樹冠的下，紅光的穿透力比紅外光差，因此在樹蔭下，紅光與紅外光的比值為 0.12：1.00 到 0.70：1.00，所以種子掉在樹下，種子的發芽會被抑制。若種子掉入土壤中的全暗環境，則種子完全不發芽。

　　另外光敏素也影響植物生殖生長的改變。植物每天 24 小時的明暗變化週期稱為光週期（photoperiod），在陽光下的時間為光週期的「明期」，夜間為「暗

期」。植物經長期的生態演化，每種物種在自然界開花時間點都有一定的時間點。而植物在自然界中從營養生長進入生殖生長的時間點，在當時的「明期」時數（daylength），稱為「日長限界」時數（critical daylength）。當植物在栽培的光環境的時間，包括自然界有陽光的時間和人工照光的時間，超過「日長限界」的時間時，植物會進入生殖生長，這種植物稱為長日植物。反之當植物在光環境的時間短於日長限界的時數才會開花，這種植物稱為短日植物。作物生產雜交種子，其父母本必須同時開花才能授粉，如果父母本的花期相異，則必須利用不透光布遮光方法將長日環境改變為長夜環境，或利用夜間照明方法將長夜環境改變為長日環境（圖2），使父母本植株能夠同時開花。作物進行無性繁殖時，繁殖材料必須維持在營養生長的狀態。也同樣用前述光週期的調節方法，維持繁殖材料一直不開花。

② 短日植物聖誕紅利用夜間照明方法來抑制開花。

光質除了前述紅光可以促進光發芽種子發芽（萵苣）外，紅外光可以促進長日的鱗莖作物結球，例如洋蔥。另外藍光會促進組織培養的番茄再生，或藍/綠光可以促進扦插枝條發根。然而改變光質必須用有顏色的薄布或玻璃紙，過濾掉其他的光譜，用有顏色的遮光網並不能改變光質。因此在實際應用上不方便，僅適用於室內的繁殖系統，例如在組織培養室培養容器上覆蓋上藍色玻璃紙，或溫室內的扦插床上方用可透光的橘色的薄布遮光。近年來有二極發光體（light-emitting diode, LED）的燈具，可以發出單一光質的燈光，但因價格昂貴且光束集中，尚未能實際廣泛應用。

2. 溫度

作物栽培時，將溫度對作物繁殖的影響分為四個溫度級距說明：溫度在10℃

以下為低溫，10-20℃為涼溫，20-30℃為多數作物栽培的適當溫度範圍，30℃為高溫，即使是熱帶作物，高溫下其光合作用效率也會下降，甚至開花數減少。作物繁殖無論是生產種子、播種、或是無性繁殖，為了維持植物生理作用的正常運作，都應在作物栽培的適宜生長的溫度環境下。其他需要特殊溫度處理的有下列各種狀況。例如植物打破休眠需要低溫，春化作用也需要低溫。另外，溫帶宿根草遭逢環境高溫會進入簇生化的生長型態。簇生化的宿根草也必需經低溫處理，才能恢復正常生長。亞熱帶的多年生植物以涼溫處理，莖生長速率會下降，甚至停止生長，但因光合作用仍持續進行，因此植物體內的碳水化合物累積，碳氮比增加，植物會進入生殖生長，例如蝴蝶蘭、荔枝等。

　　繁殖環境的溫度調控可分為：保溫、降溫、以及加溫三種。保溫是將繁殖場所用透光的塑膠布、塑膠板、或玻璃等被覆材料封閉繁殖場的空間，利用溫室效應的原理，將白天的太陽輻射能轉換成的熱能保留在繁殖場的空間。例如冷床（cold frame）、溫室，田間的塑膠布隧道（圖3），都屬於繁殖場的保溫設施。降溫的方法有很多，在不影響光合作用效率的情況下，遮光是有效的降溫方法。其他封閉空間的繁殖場降溫方法有水牆降溫、冷氣機降溫（圖4）、以及熱泵降溫。水牆降溫的設備是溫室有一面水牆，牆面的流水慢慢的沿著牆面的紙簾降下（圖5），水牆對面的牆有大風扇強制抽風（圖6），利用抽出水氣帶走室內的熱能。在臺灣水牆降溫的效率，只能降到28℃。冷氣機降溫是利用塑膠布風管將冷氣或熱氣導引到栽培床架下調節氣溫，但因能源的費用日漸昂貴，現代化的溫室都改用熱泵系統，在電力離峰的夜間進行熱能交換，將溫水變成冰水，在日間再利用這些冰水轉換產生冷氣，以降低溫室降溫的成本。

　　加溫是利用燃燒產生熱氣，再將熱空氣引入繁殖場內，以提高繁殖場的溫度，也有（利用水）為熱能傳遞的媒介，即用鍋爐燒熱水，在將熱水引到繁殖場域或直接引到苗床下方的散熱管循環。臺灣的加熱機幾乎都是燃燒重油（圖7），在美國有直接在溫室中燃燒瓦斯的加熱機。由於作物根環境的溫度比氣溫對植物生長的影響大，因此冷空氣或熱空氣常利用風管導引到栽培床架下（圖8），也有直接將電熱線或熱水管直接埋入播種床的加溫方式。

③ 田間育苗用塑膠布隧道保溫。

④ 溫室內降溫用的冷氣機。

⑤ 溫室散熱用的水牆設備。

⑥ 溫室水牆對面的抽風扇。

⑦ 冬季加熱用的重油燃燒機。

⑧ 利用塑膠布風管將冷氣或熱氣導引到栽培床架下調節氣溫。

3. 水分和溼度

　　水分管理和溼度控制是作物繁殖最嚴謹的操作。環境溼度的控制大部分借由噴霧。霧氣是水經由加壓再由小孔噴出的水滴。當空氣中的霧氣，或葉片表面上的小水滴蒸發時，會有降溫的效果。作物在播種後的催芽室或在扦插繁殖的環境，都是需要保持高溼度的環境，因此這些環境須定時噴霧，以提高溼度。另外，帶綠葉的扦插枝條，葉片的保衛細胞需維持一定的細胞膨壓，氣孔才會開著，二氧化碳才能進入葉肉組織進行光合作用。但是扦插繁殖體沒有根，要維持細胞膨壓的水分，一方面要減少葉面的蒸散作用，另一方面要不斷由葉表面直接吸水。如果用澆水的方式補充葉面溼度，會造成栽培或扦插介質的含水量高，導致介質的含氧量低不利於根的生長。因此現代化的扦插繁殖場配置有自動噴霧設備（圖9）。常用的自動噴霧控制器分為定時式與天秤式控制器兩種。前者由兩個計時器組成，第一個計時器以 24 小時為週期，控制著每天在何時間點需要噴霧，第二個計時器以 30-60 秒鐘為週期，控制著每次噴霧的時間（圖10）。由於帶葉片的枝條脫離母體後，10 分鐘就可能乾到不能再恢復吸水的狀況，因此噴霧開關的設定，在日間常設定為每隔 10-15 分鐘噴霧 20-30 秒，在夜間常設定為每隔數小時噴霧 20-30 秒，或完全不要噴霧。噴霧週期的設定，須依天氣的溫度和溼度變化隨時調整。

　　天秤式控制器是將一只水銀開關裝置天秤上。當噴霧時，天秤一邊因為盛水的網重量變重而下垂，水銀開關中的水銀是一種液態、能導電的金屬，因天秤傾斜流向沒有電極的一邊而斷電（圖11）。經過一段時間水分蒸發，

⑨ 噴霧中的扦插繁殖床。
⑩ 噴霧的定時控制器。
⑪ 噴霧系統的天秤控制器。

盛水的網重量變輕，天秤向另一邊傾斜，水銀也流向有電極的一邊而通電，抽水機啓動開始噴霧。由於天秤上盛水的網的乾溼變化，就如同扦插枝條上的葉片的乾溼變化，因此噴霧控制開關不必依氣候變化隨時調整，使用上比較方便。

根生長環境

影響植物根生長的環境因子有：溫度、水分、氣體（包括氧氣和二氧化碳）、礦物元素以及生物相。溫度的調控方法已經敘述於前，而根生長環境中，水分和氣體的調控，與繁殖育苗的栽培介質之物理性質有關，也與栽培容器的構造有關。根生長環境的礦物元素，如果是人工添加的元素統稱爲作物肥料。作物肥料的利用效率與水或介質的 pH 值、介質的陽離子交換能力（cation exchange capacity, CEC）值有關。生物相除了微生物外還有昆蟲和雜草種子。因此作物根生長環境的調控與栽培介質、栽培容器、以及施肥灌溉的操作有密切關聯。

1. 繁殖育苗的介質

理想的育苗介質可以從介質的物理性、化學性、生物性、以及經濟性評估。首先介質必需物理結構穩定，不容易被分解或被破壞崩解；介質表面具親水性，容易吸水；介質有適當的孔隙度，排水好又能保水。在化學性上 pH 值近中性而且穩定；含鹽類濃度低，但是有較高的陽離子交換能力，介質才能保住肥分；如果介質含有機物，有機物的碳氮比理想值爲 20:1。在生物性上，好介質不只沒有害蟲和病原菌，最好要能有益生菌。在經濟上，介質的供應要穩定而且便宜。

除了土壤和堆肥外，常用的介質材料有：砂、蛭石（vermiculite）、眞珠石（perlite）、泥炭土（peat moss）、以及椰子纖維。也可以將這些材料依作物的需求混合成育苗介質。例如美國康乃爾大學以 35 公升泥炭土混合等體積的蛭石或眞珠石，再添加 42 公克的硝酸銨，42 公克的過磷酸鈣，以及 210 公克的白雲石石灰（俗名苦土石灰）配製成泥炭混合介質（Peat-Lite Mix C）；其中混合蛭石的介質保水量比較高適於播種用，混合眞珠石的介質適於扦插繁殖用。近年來泥炭產量越

來越少，介質中的泥炭成分逐漸被農產廢棄物椰殼中所抽取出的椰子纖維取代。

　　栽培介質由三相的物質組成；即固體相的介質顆粒，液體相的土壤溶液，以及氣體相的空氣。根生長環境的空氣中影響根生長最重要的氣體是氧氣。栽培於容器中的苗澆水後，容器內介質中所有的孔隙充滿了水，介質中除了溶解於水的氧，介質中並無其他的氧。當介質中的水因地球重力而流出容器外後，新鮮的空氣被流出水產生的虹吸作用吸入容器介質的孔隙中，此時水分僅保存在介質的毛細管中。隨著蒸發與蒸散作用，毛細管中的水越來越少，就必須重新澆水，才不致於造成作物缺水葉片萎凋。因此對一般的作物而言，理想的播種或育苗的介質，三相的比建議為 1：1：1。對於根直徑較粗的作物，其育苗用的介質，介質中的氣相比率比較高，而對於纖毛根的作物，介質中的液相比率較高。

2. 繁殖容器的構造

　　將同體積相同的介質，分別裝填到較高的容器或較低矮的容器，當重力水排出後，較高容器中的介質，其保水量比較少，也就是矮容器比較保水。因此以保水的栽培容器配合不同保水力的介質，再控制澆水頻率，就能創造出作物對水分和氧氣需求的環境。早期的栽培容器是將鐵罐底部挖出排水孔（圖 12），就成為栽培容器了。隨著對植物根生理的了解，栽培容器有很大的改良。根生長需要水分和氧氣，而容器栽培時，容器內側與栽培介質的接觸面，是最適於根生長的微環境，尤其是容器壁和底部的交界處。因此容器栽培時，作物的根就沿著容器壁和底部的交界處生長，最後形成一圈又一圈的根，盤結在一起，稱為「盤根現象」（圖 13）。根是作物吸收無機元素和水分的

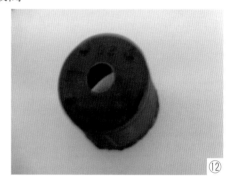
⑫

⑬

⑫ 早期的栽培容器底部只有圓形排水孔。

⑬ 植物的盤根現象，右邊植株的最底部的根開始延栽培介質底部盤繞。左邊植物的根系沒有盤根。

器官，作物的根數量少，代表作物吸收水分和無機元素的位置少。而且根吸收養分後，要將養分從根吸收的端點經過很多圈的距離，才能運送到作物的莖部，這是很沒有效率的。此外盤根的作物移植後的恢復生長較慢。因此正常生長的作物是要有很多的根，而非要有很長的根。

作物的根、莖，都有頂端優勢，修剪根一樣可以促進側根生長，然而根生長在介質中，很難進行根修剪。不過將作物種在無底部的容器，或容器壁和底部的交界處有孔的容器中（圖 14），再將容器置於架空的苗床上，當作物的根因向地性向下生長而伸出介質時，因為根吸收不到水分，根的端點很快枯死，就如根的生長點被修剪一樣，可以促進側根生長。這種現象稱為「空氣修剪」（air pruning）。

作物根的生長點伸長到一個小於 90 度角的空間，就轉不出這個空間。此時根生長點因為生長而體積逐漸增大，最後根生長點在狹小空間中被擠壓而死，就如同被修剪一樣。要在容器底部形成一個小於 90 度角的空間很簡單，只要容器壁上有平面的突出物，容器壁和突出物的夾角，一定小於 90 度角（圖 15）。

另有一種自動斷根的方法稱為「勒死法」。能夠勒斷根的容器具有很多纖細的小孔，而構成容器的材質具有細而堅韌的特性，例如不織布或塑膠。作物種在這類的容器後，可以移植到田間栽培。作物栽培後，新生長的根會伸出小孔，隨著根的

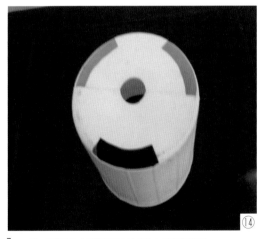

⑭ 利用空氣斷根的容器之底部構造。
⑮ 盆子底部凸起的方形與盆子底部的邊緣形成銳角。當植物的根沿著盆子底部與邊壁的交界生長，但無法穿出此銳角。

生長，根的直徑逐漸加粗。當根的直徑生長到大於小孔的直徑，根的皮層開始受到容器周邊材質的束縛，終至被切斷。伸出容器外的根，因為得不到光合作用的養分而死亡，產生了斷根的效果。種在這種栽培容器的觀賞樹木，在樹木移植時，容易挖掘，而且根受到的傷害少，移植後成活率高。

　　近年來還有一種新的專利栽培容器，商品名為「滑動盆」（Slit Pot），其側邊先被切開數等分後，每隔等分的側邊再滑向容器中心，造成容器側邊有突出物，且底部和容器側邊的交界處都有空隙（圖 16）。換句話說，此種栽培容器兼具前述的空氣斷根和小於 90 度角的空間斷根的功能，而且還有引導根生長方向的功能。由於容器側邊的開孔較高，容器排氣滲水的速度快，有助於育苗的澆水作業。

　　另外還有一種配合潮汐灌溉所使用的栽培容器，在容器側邊的底部留有進水孔（圖 17 左圖）；容器的底部是撐高的，而且越往中心點底部撐得越高（圖 17 右圖）。這樣的容器設計是因為潮汐灌溉有別於一般容器育苗是從上面給水；而潮汐灌溉是由容器底部給水，為了縮短進水或排水的時間而設計的，以避免進水量不足，或排水緩慢造成苗木的根缺氧，而影響苗木生長。

3. 育苗期的灌溉施肥管理

　　作物灌溉用水之酸鹼（pH）值的理想範圍為 5.5-7.0，導電度（electrical conductivity; EC）不超過 0.75mS（可溶性總鹽類濃度低於 525 ppm），灌溉水中之鈉離子與鈣和鎂離子平均值平方根之比（sodium absorption ratio; SAR）低於 5，硼離子或氟離子的濃度分別不超過 1 ppm。改善水質的方法可以用吸收陽離子的樹脂，或吸收陰離子的樹脂或逆滲透（reverse osmosis; RO）機器處理。

⑯

⑯ 「滑動盆」的内部構造。
⑰ 潮汐灌溉栽培專用的栽培容器。左
　圖為外部構造，右圖為内部構造。

⑰

CHAPTER 4

作物的有性繁殖與
種子系品種的種類

植物在自然界的演化遵循物競天擇，然而在農業生產中，植物因物競人擇而被稱爲作物。人類繁殖的作物是人類所需要的植物。人類所需要的植物，是將自然界的植物依循著人類的需求，經育種改良的手段而得到的新植物。所以經由育種手段改良的植物就稱爲作物。

育種工作包括選擇親本、執行育種程序，最後得到遺傳型穩定的作物族群。實生苗若族群每一個體外觀相同稱同型（homogenous），若族群內外觀互不同稱爲異型（heterogenous）。個體的基因型非常相似稱爲同質結合（homozygous），個體的基因型不相同稱爲異質結合（heterozygous）。

在育種系統中控制授粉可分爲三大類，分別爲：自花授粉（self-pollination）、異花授粉（cross-pollination）以及沒有授粉（apomixis）。

自花授粉

自花授粉是指一朵花的花粉授粉在相同花朵的柱頭上，或一朵花的花粉授粉到同一株的不同花朵上的柱頭，或者一朵花的花粉授粉到同營養系（無性繁殖）不同植株個體的柱頭上。植物在自然條件下會自交，有些物種是因爲花的構造，最極端的例子是花朵尚未開放就已經授粉，稱「閉花受精」（cleistogamy），例如花生（*Arachis spp.*）或菫菜（*Viola spp.*）。相對的，大多數顯花植物都是開花後才授粉，稱爲「開花受精」（chasmogamy）。

植物自然授粉方式依其自然雜交率可分爲三種，自花授粉作物的自然雜交率通常在 4% 以下，例如大麥、小麥、燕麥、水稻、豆科植物。大多數木本作物很少有自花授粉，但也有少數例外，例如桃子。屢異花授粉作物的自然雜交率通常在5-10%，例如番茄，但也有自然雜交率高達 20-40% 者。異花授粉作物的自然雜交率通常在 40% 以上，而雌雄花異株的植物都是異花授粉。

自花授粉的作物利用單株自交，經過約七代的自花授粉後，所衍生的後裔族群中的每一植株的遺傳特性，不只完全相同，而且每一植株的遺傳質都爲同質。因此當遺傳質爲同質的物種發生變異，此變異特性爲隱性時，經過連續的自交，每一

自交的世代中，異質遺傳質的植物體會減少一半。當遺傳質為異質的後代比例降低時，而分別具有兩個同質遺傳質的個體同時會增加，原來的族群慢慢分離成外表型是兩個異型的品系。當異型品系中的個體各自分開，即成兩個不同外表型的品系。因此在自然界，自花授粉的植物因偶發性的異花授粉或突變，而產生物種的演化。

第二節　異花授粉

　　在自然界大部分植物都是異花授粉。異花授粉可增加異質結合，使植物面對自然環境變化提供更多演化的機會，以適應變化的環境。將異花授粉植物強制自花授粉而得到的同型個體族群，稱為「自交系」（inbred line）。異花作物經連續自花授粉的後裔，植株的生殖能力、植株大小或生長勢多少會減弱，這種現象稱為自交弱勢（inbreeding depression）。不同的自交系相互雜交，不只其後裔生長勢恢復，個體也比原來親本的個體更大或生長勢更強，這種現象稱為雜種優勢（heterosis）。分別以自交系為父或母本，雜交的後代族群，稱為 F_1 雜種（F_1 hybrid）。F_1 雜種雖然其遺傳質為異質，但後裔族群的個體卻有相同的外表型。

　　植物為了防止自交，在形態上或遺傳機制上會有不同的演化，例如：

　　1. 雌雄異株（dioecy），植株上只會開雌花者，稱為雌株。植株上只會開雄花者，稱為雄株。亦即雌花或雄花分別長在不同的植株，例如楊梅、獼猴桃、水柳。

　　2. 雌雄同株異花（monoecy），沒有花藥的雌花和沒有柱頭的雄花都生長在同一植株上，例如芒果、秋海棠屬的植物（圖 1）。另外在大花麒麟花（*Euphorbia lomi*）的大戟花序中，則是雌花先成熟，雌花的柱頭萎凋之後，

① 秋海棠同一株的雄花（上）和雌花（下）。雌花花瓣上方有很大的子房。

② 大花麒麟的花序。雌花（花柱紅色）凋萎後雄花再開（白色花絲黃花藥）。
③ 五彩石竹的花。雌蕊已經成熟，雄蕊尚未成熟。

雄花的花藥可以避免自交。才伸出大戟花序外，花藥開裂（圖 2）。

　3. 雌雄同花異熟（dichogamy），花朵中的花藥和柱頭在不同時間成熟。例如有些石竹屬植物在花柱成熟時，雄蕊仍未成熟，這樣的花雖然為完全花，但是柱頭成熟時花藥尚未成熟，因此不容易相互授粉（圖 3）。還有同一植株上其花柱與花藥的相對位置距離遠，也不容易自花授粉。若同一品種但植株的花柱和花藥之相對位置，各有不相同的形態，稱為異型花柱（heterostyly）的現象，例如櫻草花，有花柱比花絲長的花朵（圖 4 右），也有花柱比花絲短的花朵（圖 4 左）。在一個物種中具各種花型的現象稱為花器多型性（polymorphism）。例如蘆筍、木瓜等，有

④ 櫻草花異型花柱的現象。（左）花柱短，（右）花絲短。

植株為雄蕊發育不全的雌花；有植株為雌蕊發育不全的雄花；也有植株開的花，其雌雄蕊皆發育不全，完全不能結種子；還有雌雄蕊完全正常的完全花。在生產 F_1 雜種時，利用沒有雄蕊的雌花植株作為生產種子的母株，可以免除去除雄蕊的工作。

 第三節　不親和性

另外植物為了防止自花授粉，也有遺傳上的控制方法，稱為性別的不親和（sexual incompatibility）。若同一株的花粉不能在同一株花朵的柱頭發芽或花粉管不能穿入花柱向下生長，稱為自花（交）不親和（self-incompatibility），例如：甘藍、百合、矮牽牛、李、櫻桃等。自交不親和分為孢子型自交不親和（sporophytic self-incompatibility）與配子型自交不親和（gametophytic self-incompatibility）兩種。

一、孢子型的自交不親和性

在同一基因座上有許多不同的基因，這些基因與不親和性的控制有關，稱為不親和等位基因（S-allele）。若植物的自交不親和性是屬於孢子型，不親和的等位基因分別存在柱頭與花粉。由於不親和的等位基因控制所產生的蛋白質堆積在柱頭表面，使花粉不能發芽。因此若花粉有 S_1S_2 等位基因，則此花粉在有 S_1S_2 或 S_2S_3 等位基因的柱頭上皆不能發芽，有 S_1S_2 等位基因的花粉只有授粉在有 S_3S_4 等位基因的柱頭才能獲得種子（圖 5 上圖）。十字花科、菊科、旋花科的植物，常會有孢子型的自交不親和的現象。

二、配子型的自交不親和性

當雌或雄配子皆有不親和性的等位基因（S-allele），而花柱的等位基因與花粉的等位基因相同時，因為蛋白質的相互作用，花粉管不能在花柱中伸長，因此雄配

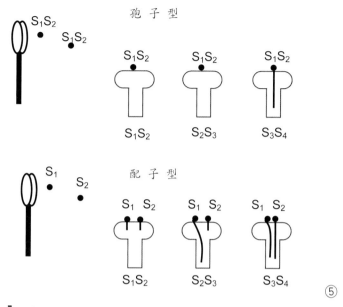

⑤ 自交作物不親和之機制。

子（精核）不能穿過花柱，與胚囊中之雌配子（卵）結合，因此不能生產種子。

如圖 5 下圖，不同三個花柱（2n）的等位基因，分別爲 S_1S_2、S_2S_3、S_3S_4，而花粉（n）的等位基因是 S_1 或 S_2，授粉之後 S_1 的花粉可以在 S_2S_3 或 S_3S_4 的花柱中伸長，而 S_2 的花粉可以在 S_3S_4 的花柱中伸長，但 S_1 和 S_2 的花粉不能在 S_1S_2 的花柱中伸長，S_2 的花粉也不能在 S_2S_3 的花柱中伸長。

具有配子型自交不親和的作物例如百合，若在授粉之前將花柱裁掉 2/3 再進行授粉，則在花柱未產生不親和的反應前，花粉管已進入胚囊完成受精，是可以形成種子的。

 第四節 控制授粉

自然界除了自花授粉外，還有以風和昆蟲爲授粉媒介的異花授粉。作物種子生產則是依照育種者或種子生產者的計畫，選定父母本並進行控制授粉。授粉方式可

分爲開放授粉（open pollination）、自花授粉作物的隔離授粉、以及異花授粉作物的控制授粉。

1. 開放授粉不只適用於自花授粉的作物，也適於異花授粉的作物。開放授粉的授粉方式，通常只要預先拔除具不良性狀的植株，植株開花時，放任於自然環境下授粉，而採種時，只從作物性狀較好的植株上收集種子。

2. 自花授粉作物避免與其他品種雜交，最好的方法就是隔離。採種區與其他品種至少需隔離 3 m 以上，隨著異花授粉的比率增加，隔離距離也隨著增加，隔離距離甚至在 50~65 m 以上。例如甜椒雖然是自花授粉作物，但若採種園有蜜蜂授粉，則也有可能被雜交。

3. 異花授粉作物進行控制授粉，須在花朵未開花或花藥未開裂之前先去除雄蕊，這種操作稱爲「除雄」。去除雄蕊後的花朵需要套袋，由昆蟲媒介授粉的花朵，需先套網袋，由風媒介授粉的花朵，需先套紙袋，或將植株培養在隔離的網室或溫室中，以避免柱頭遭其他花粉汙染。授粉用的花粉可以是現採集的花粉，或用貯存的花粉進行授粉。爲免除去除雄蕊的操作，可以用只開雌花的植株，或用具有花粉不具稔實性（pollen sterility）的植株爲採種親本。也可以在花朵發育期噴施藥劑，例如 GA，使花粉不具活力。另外，在田間大面積授粉需要多少隔離距離，要視作物異花授粉的比率，有多少種可能會授粉的他種植物，有多少授粉昆蟲或多少有效的風力而決定。通常蟲媒花的作物推薦最短的隔離爲 0.4~1.6 公里，而風媒花的作物是 0.2~3.2 公里。

 第五節 ## 植物物種與種子系品種的種類及其命名

存在地球自然環境的植物種類稱爲植物的物種（species），隨著人類從事的農業活動，諸如栽培、選種、育種等活動，物種內的個體逐漸形成不同個體性狀差異的族群，爲了區分這些相異的族群，在植物物種之下，又有農業上的命名系統。

一、種子繁殖的作物種類

　　歷史上，農人每年都會保留部分種子，供下一年度栽培時自己繁殖種苗使用，這種存在各地的作物族群，雖然植株性狀不整齊，但作物族群仍然有株性狀可以與其他地區的作物族群的植株性狀相區隔，而且每一個作物族群都有地方上的名字。這種作物族群稱為地方種（landrace），地方種的特色就是非常適應於當地的生長環境。

　　物種在自然界發生變異後，逐漸形成另一個植株形態與原物種不同的族群，稱為（植物）變種（botanical variety）。另外植物經人類栽培、選拔、育種改良，而成為一個植株性狀整齊且穩定的族群，族群個體的作物性狀與他種族群個體的作物性狀有可區別性，這種族群稱為品種（cultivar）。從英文的字看，品種（cultivar）就是栽培變種（cultivated variety）的縮寫字「culti.」和「var.」組合成的字。所以品種就是人類栽培作物後，而成立的變種族群。現代作物由種子繁殖的品種可分為：開放授粉品種、品系、雜交品種、合成品種、F_2 品種以及營養系種子品種等。

1. 開放授粉品種（open pollination cultivar）

　　異花授粉的作物，雖然採用開放授粉方法生產種子，但又能生產出在某些特定性狀相當同質的子代族群。開放授粉所生產的種子，由於不需人工授粉，因此生產成本較低，而族群中，個體相互的遺傳異質性比雜交種子變化更大。在歷史上，許多花卉或蔬菜種子都是由農民自己留種，因此這種種子又稱為「祖傳品種」（heirloom varieties）。站在生物多樣性的觀點，這種農民相互交換自留的種子是非常重要的手段。在現代的農業生產上，有許多花卉例如萬壽菊、秋海棠或蔬菜的瓜果類如胡瓜、南瓜、絲瓜等，都還採用農家自己保留的祖傳品種。

2. 品系（line）

　　品系是指一種實生苗族群，在經連續幾代授粉後，其族群中個體的遺傳型可以維持在一定的標準。品系有可能由自花授粉或異花授粉所產生的族群，其中最重要的品系是作物經多次自花授粉後形成後代族群稱為自交系（inbred line）。若族群中個體的遺傳型都一致，此族群稱為純系（pure line）。若族群來自兩個以上

的純系雜交而得，通稱爲雜交品系（hybrid line）。雜交品系的種類包括單雜交品系（由兩個純系雜交，single cross）、雙雜交品系（由四個純系雜交 2 次，double cross）、頂交品系（純系與開放授粉品種雜交，top cross）、以及三交品系（兩純系雜交後再與第三個純系雜交。單雜交品系也稱爲 F_1 雜種（F_1 hybrid）。

3. 合成品種（synthetic cultivars）

由很多遺傳型不同但外表型相似的品系或營養系（clones）經開放授粉所得到的品種稱爲合成品種。合成品種的族群其每個個體的遺傳質不同（heterozygous），但外表型的某些特定性狀是相似的（homogeneous）。

4. F_2 品種（F_2 cultivars）

由 F_1 雜種經開放授粉所得到的族群稱爲 F_2 品種。由於 F_1 品種價格昂貴，農民種 F_1 品種也常自行留種，自行留種的就是 F_2 品種。

5. 營養系種子品種（clonal seed cultivars）

作物雖經授粉但卻沒有受精，也就是植物經無融合生殖而產生的無性胚芽種子的品種，稱爲營養系種子品種，可分爲絕對無受精種子或偶發性種子。後者的種子中含有無受精的胚芽和有受精的胚芽，即一粒種子播種後可產生經過無性繁殖的植株和經過有性繁殖的植株，換句話說，此種種子具有多胚芽，園藝作物中，柑桔類、芒果、馬拉巴栗常見這種種子。而絕對無受精的種子則如黃蔥蘭（*Zephyranthes citrina*）。例如，黃蔥蘭與大韮蘭雜交，有 99.8% 的種子是黃蔥蘭的絕對無受精的種子，植株性狀與黃蔥蘭完全相同，僅 0.2% 的種子是雜交種子。

二、種子繁殖的作物之命名

植物學名的二名命名方法（Binomial System）是植物學家林奈（Carl Linnaeus, 1753）發明的。學名的第一個名爲屬名，其後再加一個物種名，例如宿根滿天星的學名 *Gypsophila paniculata*。物種的學名用斜體字母表達，若不寫成斜體時，則屬名和種名的文字下要畫線。變種（variety）常與作物的品種（cultivar）混淆。變

種的學名是在物種名後加 var. 和變種的名字，而變種的名字不必用斜體字表示。例如：皺葉薔薇（花色原為玫瑰紅）白花變種的學名，*Rosa rugosa* var. alba。

　　現代農作物的品種種類繁多，尤其是花卉作物，例如玫瑰花的品種就有數以萬計的品種，因此農作物的命名方法，以三名法命名。用三名法命名的農作物，其名字是在學名後先加 cv.（cultivar 的縮寫）再加一個品種名，品種名不能用斜體。如果將學名後的「cv.」字母省略，則品種名字要加上英文書寫的單引號，例如 *Euphorbia pulcherrima* 'Peter Star'。這個聖誕紅的品種名比起聖誕紅的學名多了一個品種名 'Peter Star'，所以稱為三名法命名。

　　在 1990 年代以前，許多園藝作物品種被引進不同地區後，因為商業需求而被更改品種名；又因為不同引種的種苗公司（人）更改了品種名，常造成許多作物的一個品種有許多不同品種名，或者一個品種名有許多個作物品種的混亂情形。為了避免上述的混亂情形，目前申請品種權的品種，其品種名規定需要有育種公司（人）的名字的縮寫，而品種名在任何狀況下都不能更名。若因商業考量需更換名字，其更換的名字為商業品種名，而非具有法律保障下的品種名。例如宿根滿天星「百萬之星」，作物品種名為 *Gypsophila paniculata* 'Danms' "Million Star"，*Gypsophila* 是屬名，*paniculata* 是物種名，「Danms」是品種名，而「Million Star」是商品名。從「Danms」可以知道，「Dan」是以色列 Danziner 種苗公司名的縮寫，而「ms」是 Million Star 的兩個字首。

⑥ 聖誕紅，'中興 6 號'，「紅輝」。

在臺灣用的「百萬之星」也是商品名。又如聖誕紅，'中興 6 號'「紅輝」（圖 3），'中興 6 號'是品種名，「紅輝」是商品名，從品種名也讓消費者知道，'中興 6 號'是中興大學育成的聖誕紅品種（圖 6）。

表 4-1 花卉品種之學名、品種名及其育種公司

學 名	品種名	商品名	育種公司
Begonia hiemalis	'KRSSUCO01'	"Sunny Pink"	Koppe Royalty B.V.
Dendrathema grandiflorum	'SeiDaroca'	"Daroca"	Seikoen Co. Ltd.
Dendrathema grandiflorum	'Delirossano'	"Rossano"	Deliflor Royalty B.V.
Euphorbia pulcherrima	'Duepre'	"Premium"	Dummen USA Inc.
Euphorbia pulcherrima	'NCHU-6'	"紅 輝"	Nat. Chung Hsing Uni.
Gypsophila paniculata	'Danms'	"Million Star"	Danziger
Kalanchoe blossfeldiana	'NCHU-3'	"桃花女"	Nat. Chung Hsing Uni.
Limonium sinuatum	'Hilsinswe'	"Sweet Pink"	Hilverdakooij B.V.
Rosa hybrid	'Lexevolla'	"All 4 Love +"	Lex + B.V.

CHAPTER 5

作物種子生產

在商業種子生產時，如何維持種子基因型和外表型的純度是非常重要的。在自交作物中，要維持種子遺傳穩定非常簡單，但對於異花授粉作物而言，要維持種子的純度相對比較困難。譜系母本系統（Pedigreed stock system）在生產採種母本的種子時，隔離標準、檢驗標準以及拔除異株的標準較高，成本也較高。而在生產商業種子時，篩選親本的標準較低，相對的其成本較低。整個種子生產的流程可分為三或四個階段（表 5-1）。

表 5-1　商業種子生產流程

	工作項目	工作內容	種子種類
I	發展品種	按照育種計畫，選拔遺傳質優良的個體，創造優質品種	育種者的種子
II	原種母本維持	在種原採種園，將品種量化繁殖	採種的種原種子
III	商業種子生產	先增殖足夠的種原種子，再進行商業種子生產，種子精製與檢測	一般初級商業種子
IV	商業種子加工	配合穴盤育苗，必要時進行種子滲調處理，或種子包埋造粒處理	加工商業種子

第一階段稱為種子發展階段，所生產的種子完全是依照育種計畫所選拔出來的種子，這些種子又稱為育種者的種子。

第二階段稱為母本維持階段，所生產的種子是以育種者種子做為擴充母本所需的種原所生產的種子，稱為「原原種種子」。由原原種植株所收穫的種子稱為「原種種子」。此階段在採種上必須維持種子高純度的遺傳型或表現型。因此在生產種子時必須注意到隔離距離或隔離方法，並隨時在田間拔除異形株，或者以無性繁殖方法繁殖前階段的植物。此外每批種子還需進行後裔試驗（pedigreed test），實際播種檢查種子的純度。

第三階段是繁殖商業用種子，利用原原種植株為母本，生產商業種子供一般作物生產，也可以利用原原種先增殖為原種種子，以原種再做為商業採種的植株。根據國際的經濟合作與發展組織（Organization for Economic Cooperation and Development; OECD）所訂定的種子生產標準流程採種，且種子之遺傳純度與品質合乎標準者，種子給予種子證書（Seed Certification）。

西元 1980 年代以後，草本花卉或蔬菜的實生種苗，大多採用穴盤苗系統（plug system）生產種苗。用於穴盤育苗的種子，不只需要發芽率高，種子發芽的整齊度也要高。因此若種子原本的發芽不整齊度，則種子需先經過滲調處理（priming），以提高種子發芽的整齊度。另外配合穴盤育苗的自動播種機，只能播種圓球形的種子。許多不規則的小種子，或種子表面有短絨毛會使種子相互粘在一起，很難利用播種機播種。將這些種子以造粒（pellet）方法改變成圓球形，以利於播種。又為了在種子發芽初期防治病蟲害，有些種子也會處理農藥。經過上述種處理的種子，都是加工過的種子。

種子生產與收穫

在農作物生產所用的種苗，大部分來自播種育成的實生苗，尤其是穀類作物、蔬菜作物以及花壇作物，然而種子的費用占農作物生產費用是最低的。育種和種子生產都是種苗公司的主要業務，而農民除了育種公司能育成新品種外，也希望能買到高品質的種子。所謂高品質的種子，除了種子純正外，當然也要有高發芽率和發芽的整齊度。要生產高品質的種子，需注意採種植株的栽培條件，例如：

1. 選擇適合種子生產的地區，在適當的土壤以及合理化的施肥，以得到高產量的種子。

2. 栽培記錄要詳細，以避免環境中病害和殺草劑的殘留。

3. 栽培時適當的水分管理。

4. 在乾燥氣候的季節收穫種子。

5. 嚴格控制隔離條件，避免發生不是預期的雜交。

另外還需注意種子收穫時的成熟度，種子、果實與種子的分離、純化。為了提高種子播種後的發芽率與整齊度，種子還需要加工處理，最後在種子出售之前需要有適當的貯存，以免喪失種子的品質。

當種子發育漸進入成熟階段時，以能收到最大量高品質的種子為考量，此時的成熟度稱為收穫的成熟度。種子太早收穫會有種子小、重量輕、貯存能力低的

問題；種子太晚收穫則會有種子掉落或被野生動物吃食或帶走。若用機械收穫種子時，若種子含水量太低，種子會受傷害。有些木本種子太晚收穫，還會有種子深休眠或種子外皮堅硬，造成播種時不易發芽的問題。因此何時可以收穫種子，可以用測定種子的水分含量的方法，設定出最適當的種子收穫的成熟度。

第二節　種子與果實的分離

依據植物的果實形態或成熟特性，採收種子的方法可分為：成熟會落果的乾果、成熟時不會落果的乾果、有果肉的果實以及松果類等四大類，茲將種子與果肉分離並精製種子的方法，分述如下：

1. 種子在乾果內

這類作物包括玉米和豆類。

種子成熟時不會脫離母體，收穫季節溼度低非常重要。這類種子收穫時，必須用外力（機械）才能將種子脫粒，因此不當機械使用，致使種子受外傷而影響種子的品質。通常在種子含適當的水分（12～15%）時收穫，可以減少傷害。

2. 在乾果成熟時，種子會立刻脫離

這類作物包括有莢果類、蒴果類、蓇葖果類植物，如洋蔥、十字花科植物、飛燕草、矮牽牛等。這類種子必須在果實未完全成熟前收穫，置於網袋或盤子內，經過乾燥處理、拍打、篩選，最後再精選種子，將雜物或受傷種子去除。

① 美國石竹的蒴果開裂後採收粉碎、然後過篩（上圖）；種子曬乾清除雜質後即可將精製過的種子貯藏（下圖）。

3. 種子包藏於新鮮果肉中

　　這類作物包括漿果類、仁果類、核果類等果樹或蔬菜作物，如番茄、瓜類、葡萄等。通常這類種子之成熟與否，以果實適當的成熟度爲標準。果實採收後，先將果實打碎，使種子與果肉分離。果肉或種子的外皮不易分離的種子，例如番木瓜（圖2），可以將果實打碎後倒入桶子中，置於21℃左右環境下，任其自然發酵約4天，再用水選的方法篩選種子。最後將篩選出的種子乾燥處理，乾燥的溫度不宜超過43℃。如果種子溼度太高，處理溫度甚至需降至32℃。種子乾燥的速率太快，常造成種子萎縮、種子外皮龜裂或種皮質地變硬的後遺症，以致於影響之後種子的發芽力。大多數種子的水分含量，以維持在8~15%爲宜。

　② 番木瓜種子浸水發酵去除外膜（左圖）；番木瓜尚未去外皮的種子（右圖左邊種子）和去外皮的種子（右圖右邊種子）。

4. 松果類

　　此類種子包被於毬果內，而且種子有翅，在處理上需要一些特殊的程序。

　　(1)先將毬果乾燥：有些松果置於通風處2~12星期後，松果即可自然開裂。然有些松果必須以46~60℃或更高的熱風乾燥處理數小時，松果才會開裂。在熱風處理時，每一品種所需的溫度及處理時間不同，過高溫度的熱風或處理時間太長，同樣會傷害種子。

　　(2)種子分離：開裂的松果經振動後種子即可脫離果實。然而因松果會再回潮而閉合，因此乾燥後的果實應立即將種子分離出。

　　(3)種子翅的分離：除非種子的翅不能分離或分離處理會傷害到種子，否則種

子上的翅必須分離。小的種子可以用溼潤的雙手搓揉，將種子上的翅與種子分離，大的種子則置於網袋中拍打。最後再用吹風篩選方法篩選出充實的種子（圖 3）。

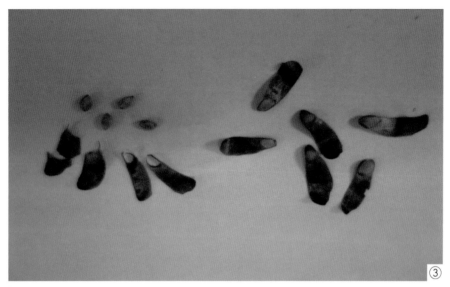

 ③ 二葉松的翅果（右）和種子（左上），及種子已經脫離的翅（左下）。

第三節　種子品質檢測

1. 種子純度檢測

種子的品質決定於種子的純度與種子的活力。種子在收穫的過程中常會混雜雜草的小種子、果實破碎的殘體、沙塵或未發育的種子，因此種子生產的最後一道程序是利用篩選或風力選等物理方法將雜質去除。另外一種影響種子的純度是在授粉時遭受同一作物花粉的汙染，產出非原定遺傳型的種子。其檢定方法包括有化學法、蛋白質電泳法、DNA 指紋檢定。另外也有利用種苗後裔試驗，是將具代表性的種子種在試驗田檢視種苗的純度，後裔試驗也可利用於測試作物對環境的適應性，或對於多世代後族群內基因頻率是否有「遺傳漂變」（genetic drift）的現象做檢視。

2. 種子活力檢測

種子是一個帶有貯藏養分的植物胚胎，並包被在具保護作用的種皮中。因此種子要發芽，首先種子內的胚芽，必須是活著的。亦即在正常的環境下，種子可以正常發芽。因此常用種子發芽的百分比來代表種子的活力。不過有些木本植物種子發芽所需的時間太長，為節省時間則採用「軟 X 光」檢查種子活力；或者將胚芽浸於三苯基氯鹽（tetrazolium，TTC）溶液中，若胚芽有呼吸作用者，才會呈現紅色，以代替種子發芽率試驗。高品質的種子除了具有高發芽百分比外，同時具有迅速發芽、很強的幼苗生長勢，以及小苗整齊正常的外觀。因此在種子產業中，常用種子生長勢（seed vigor）來表示種子品質的好壞。所以在評定種子品質好壞，除了計算發芽百分率外，另需計算發芽勢（germination vigor）。

發芽勢的計算有兩種，第一種計算方法是達到特定發芽百分比所需要的天數，第二種方法是計算胚根突出種子表皮所需的平均天數，其公式如下（N 為發芽的種子數，T 為從播種到調查時的天數）：

$$平均天數 = \frac{N_1T_1 + N_2T_2 + \cdots\cdots + N_nT_n}{所有發芽的種子數}$$

對於木本植物種子和一些多年生草本植物種子，由於發芽所需的時間很長，因此也有以發芽值（germination value）來表示種子的品質。要計算發芽值時，首先定期的調查種子發芽率，然後由調查數值作發芽曲線圖，從此曲線圖將種子發芽過程分成快速發芽期和緩慢發芽期兩個階段，然後由下列公式可以計算出發芽值。

$$發芽值 = \frac{快速發芽期所達到的最高發芽百分比}{達到快速發芽期終點所需天數} \div \frac{種子發芽的總百分比}{種子最後發芽所需天數}$$

種子活力與發芽勢以及發芽率之間有密切關係，種子活力降低後發芽勢降低，而後發芽率降低，最終是種子完全不發芽。造成種子活力低下的原因很多，有可能是：(1) 遺傳上的問題，以致於種子發育不完全；(2) 因收穫處理不當而傷害種子；(3) 貯藏不當（如種子含水量太高、貯藏溫溼度太高、病蟲害等）；(4) 貯藏太久，種子老化。

一般度量種子的發芽狀況，可以測發芽百分比、發芽速率以及發芽整齊度三種計量。發芽百分率是指 100 粒種子播種後有發芽的種子個體；發芽速率是指百分之五十的種子發芽所需的天數；而發芽整齊度是指最早發芽到最晚發芽的天數，其與發芽速率的值是否很接近；有用發芽天數平均值的標準誤差值表示（Mean ± S.E.），也有用 75% 發芽所需天數減去 25% 發芽所需天數的值來表示。

第四節　種子貯藏

一、種子的貯藏壽命

植物種子發育完成後可以正常脫水乾燥的，稱為正常種子（orthodox seeds），正常種子貯存在溼度 4~10% 的環境下，可以延長貯藏時間。反之不能脫水乾燥的種子，稱為頑固種子（recalcitrant seeds），也稱為短命種子。短命種子不能忍受 25% 以下的含水量；還有些短命種子對寒害的溫度也敏感。短命種子的壽命因作物種類而異，少則幾天或幾個月，最多也只有一年，短命種子可分為下列幾種：

1. 溫帶地區春天成熟的木本植物種子，如楊、槭、柳、榆，成熟種子掉在地上立刻發芽。

2. 長在熱帶高溫高溼環境下的植物種子，如甘蔗、橡膠、波蘿蜜、夏威夷豆、酪梨、可可、咖啡、茶、芒果、荔枝、龍眼、椰子類、柑桔、枇杷等。

3. 溫帶地區水生植物的種子。

4. 有很大子葉的堅果類：如巴西栗、核桃、胡桃、板栗等。

大部分植物種子的壽命超過 1 年，依其壽命可分為中等壽命和長壽命種子。中壽命種子如松果類種子、果樹、蔬菜、花卉、穀類的種子都屬於此類。其壽命 2 年以上 15 年以下。長壽命種子如睡蓮、荷花等其壽命在 15 年以上。

種子貯藏後的品質劣化，第一個現象是發芽勢下降，接著是能夠正常發芽的能力下降，最終則完全不會發芽。種子的相對貯藏指數（relative storability index）是指種子經貯藏後，種子發芽率下降到 50% 的貯藏時間（表 5-2）。

表 5-2　作物種子之相對貯藏指數

作物別	第一類（1-2 年）	第二類（2-5 年）	第三類（5 年上）
農藝作物	大豆	大麥	大巢菜
	飼料用玉米	小麥	苜蓿
	棉花	水稻	根甜菜
蔬菜作物	洋蔥	甘藍	甜菜
	菜豆	花椰菜	番茄
	萵苣	青花菜	
	辣椒	胡瓜	
花卉作物	三色菫	仙客來	牛舌草
	金雞菊	香石竹	百日草
	秋海棠	彩葉草	牽牛花
	長春花	矮牽牛	紫羅蘭
	星辰花	萬壽菊	蜀葵
植草作物	百慕達草	肯塔基藍草	

　　影響種子貯藏壽命的因素，一為種子含水量，另一為貯藏溫度。正常種子含水量在 4~6% 時，對延長貯藏時間是有利的。若種子含水量稍高，相對的貯藏溫度需降低。例如番茄種子貯藏在 5~10℃，則種子含水量需在 13% 以下；若貯藏在 21℃，則種子含水量需在 11% 以下；若在室溫（26.5℃）下貯藏，則含水量需在 9% 以下。種子含水量增加除了品質劣化的問題，還會帶來一些貯藏上的問題。例如水分在 8%，會有害蟲的問題；水分在 12%，真菌會比較活躍造成感染；水分 18% 以上，種子會因呼吸作用放出熱能而增加貯藏環境的溫度。若水分高達 40% 以上，則種子會發芽。不過若種子含水量低到 1~2%，也會降低活力。頑固種子對種子含水量更為敏感，例如春天果實成熟落果時，種子含水量約為 58%，當含水量降至 30% 以下，種子則喪失活力。

　　降低貯藏溫度可以延長種子壽命，但如果種子含水量太高，降低貯藏溫度反而會有不良的影響。例如一般種子貯藏於 −18℃ 的環境，但若種子含水量太高，種子內的水結冰反而對種子造成傷害。若利用冰箱貯存種子，冰箱必須裝有除溼裝置，或者先裝在防水容器，再置放在冰箱中。

二、種子貯存的方法

雖然低溫低溼是貯藏種子較適當的方法，但商業種子貯藏尚須考慮成本，故在產業上會依種子的需求給予最經濟的貯藏方法。貯存方法分為五類：

1. 開放式（不加任何溫度或溼度控制）的貯藏方法

許多屬於中壽命的園藝作物種子，由於所需要貯藏的時間不長，只需要能貯藏到下一年度（或季節）栽培時，還能維持種子發芽力即可，因此不需要有特殊控制溫度或溼度的設備，只需要具備有：(1) 防水，(2) 防蟲、防老鼠或防黴菌，(3) 防止雜物汙染等功能的簡單設備即可大量貯藏種子，是園藝作物種子最簡易的貯藏方法。種子貯藏時先將乾燥的種子裝入袋子、桶子或箱子等容器，再置於通風陰涼處即可，必要時種子可以經煙燻農藥處理以防蟲害。在臺灣每年梅雨季節因長時間下雨，空氣溼度高，最容易造成種子發芽率低下。貯藏環境需有防潮設備。

2. 密封容器的貯藏方法

貯藏方法是將乾燥的種子放入防水的密封容器內貯藏。現代密封的包裝材料種類很多，每種材料之持久性、價格、通透性（透氣與透水）以及防蟲、防老鼠的能力各有不同，例如以玻璃、鋁、錫製造的容器可以完全防水；另一種材料如鋁箔或聚乙烯（PE）袋，則具 10~12% 的通透性；而紙張或布的材料則完全不能控制水分的通透性。

在密閉的容器中，有時會拌混一些經氯化鈷處理過的矽膠（矽膠：種子 = 1：10 w/w），以吸收容器內多餘的水分。當容器內相對溼度超過 45% 時，經氯化鈷處理過的矽膠會由藍色轉變成粉紅色，此時應立刻更換矽膠，以維持種子內外的水分平衡。在密閉容器中貯藏種子的含水量，通常維持在 5~8% 較適當。

3. 控制環境下貯藏方法

利用除溼機或冷藏設備以降低貯藏環境之溫度與相對溼度。雖然這些設備非常昂貴，但是斟酌某些種子的價值，例如研究用種子、育種用的親本，或者是種原的種子，控制環境下的貯藏方法還是必需的，尤其在臺灣夏季高溫多溼的環境下，以

這種貯藏方法保存種子最有效率。

在使用冷藏箱保存種子時，一定要注意因溫度降低而造成高相對溼度的環境，以致於種子表面有凝結水。雖然這些水分在低溫環境下，對貯存的種子不見得會有傷害，但是一旦將種子移出一般室溫環境，種子活力將迅速受到影響。因此通常利用冷藏設備保存種子，必需附帶有除溼裝置或者將種子完全密封後再冷藏。一般控溫的貯藏方法是將種子乾燥至含水量為 3~8%，放到密封容器中，再置於 1~5℃的溫度下。雖然利用零下的溫度貯藏效果較好，但是由於冷藏費用高，除非特殊種子，一般很少貯藏在 0℃以下的環境。

4. 低溫潮溼環境貯藏方法

許多不容易貯藏的種子，種子不能過乾，因此只能在保溼的環境貯藏，例如銀槭、板栗、枇杷、荔枝、酪梨、橡樹以及柑桔類的種子等。常用的方法是將種子混合 1~3 倍量含水的介質（例如：細砂、水苔、眞珠石、蛭石或木屑等），裝在塑膠袋中，然後置於 0~10℃冷藏箱，冷藏箱的相對溼度維持在 80~90%。較大的種子例如胡桃、橡樹等，也可以先裹石臘（paraffin）後再貯藏，以保持種子之含水量。

5. 超低溫貯藏方法

將含水量為 8~15% 的種子，先密封在容器中，再將此容器貯藏於液態氮中，由於液態氮的溫度可達零下 196℃，因此這方法稱之為超低溫冷藏。操作此方法時，冷凍和解凍的速率在操作過程中非常重要。雖然利用此方法需要特殊設備來降溫至 -196℃，然對種源需要長時間之貯藏者，此方法仍非常實用。

三、種子包裝

經過種子品質檢測後的種子，包裝在避免回潮的鋁箔袋子中，專業用的大量種子也有包裝在抽眞空的金屬罐容器中，以避免種子的劣化。包裝容器外除了種子的名稱、學名、品種名，及生產者的名稱、地址、聯絡電話外，通常還有生產批號、生產日期、貯藏期限、種子發芽率，以及品種簡單的栽培方法。

CHAPTER 6

作物有性繁殖之原理

　　種子是脫離母體的成熟受精卵，它包括胚芽、胚乳（儲藏養分）以及包被在外的種子皮。當種子經一連串的生化反應及生理反應，胚根突出種子皮的現象稱之爲發芽。種子能夠發芽必須滿足下列三個條件：1. 種子是活的；2. 種子必須在適當環境，如水、溫度、氧氣以及或許需要光；3. 種子沒有休眠。種子在適當環境下可以發芽，則稱爲無休眠種子。若在適當生長環境下不發芽，則稱休眠種子，休眠的種子需經低溫或經化學藥劑或物理處理等方法克服休眠後，種子才能順利發芽。種子如果處於不良環境，種子會誘發次級休眠，更延後種子的發芽。

種子休眠

　　大部分種子成熟後都有短暫的休眠，以免種子還在植株上，遭遇溼度高的氣候會有發芽的現象。這種暫時性的休眠現象，並不至於影響到種子播種後的發芽生長。但是有些種子，雖然播種在適當的環境下仍然不會發芽，這種現象稱之爲種子休眠。種子休眠的成因可以分成五大類：

一、由種子皮的限制作用引起的休眠

　　這類種子由於有緻密堅硬的種子皮，以致於不能吸收水分，或者限制了胚芽發育生長時呼吸作用所需要的氧氣，而使種子不能發芽。處理這類種子，如天竺葵的種子不容易發芽，可以先用刀將種子的表皮刻出傷口，或用砂紙將種子皮磨破，或利用酸液處理將種子皮軟化，使種子能吸收水分或容許氣體進出再播種，可以促進種子發芽。

二、化學抑制物質引起的休眠

　　在植物果實中之果肉、種皮、或種子內之胚乳組織中，常含有抑制發芽的化學物質。一旦這些化學抑制物質被去除，種子可以立刻發芽。在自然界裡，種子越

冬後，由於種子經雨水淋洗或經低溫，都可以去除或破壞這些抑制物質。如番茄、葡萄、蘋果、梨、瓜果類、以及柑桔類鮮果、果汁，都對種子發芽有很強的抑制作用。又有一些沙漠植物的種子，由於生態環境特殊，在自然界必須經大量雨水淋洗，亦即確保有充足的水分後才會發芽，如松葉牡丹。又如鳶尾之胚乳中含有水溶性和脂溶性的抑制物質，也必需用水沖洗後才會發芽。

三、形態上發育不全的休眠

這類種子常因種子脫離植株時，胚芽仍未完全發育，因此在胚芽未完全發育前播種當然不發芽。但其胚芽可以在播種吸水後，且在種子發芽前繼續完成胚芽的發育。種子發育不全引起的休眠可分成三類：

1. 有些毛茛科或罌粟科的物種，或人蔘的種子，其胚芽的大小如原始胚芽一般，且埋藏在大量的胚乳中，當遇高溫時，胚乳會產生抑制物質。這類種子，可用(1)15℃以下的溫度處理，(2) 變化溫度處理，或 (3) 徒長素或硝酸鉀等處理來打破休眠。

2. 如胡蘿蔔、石楠、仙客來、櫻草等，未完全發育胚芽其大小只有種子體積的一半，而且其休眠機制可能還包括種子皮的物理限制作用和內生抑制物質的作用。用徒長素處理後在 20℃ 環境下播種，可以促進發芽。

3. 許多熱帶單子葉植物如椰子類，種子需貯藏數年才會發芽，但如果將種子貯藏在 38~40℃ 環境下，則只需 3 個月即可發芽。這類種子也可用徒長激素處理以促進發芽。

四、胚芽的休眠作用

有些溫帶木本植物或多年生草本植物，雖然胚芽已經成熟，但是胚芽內也常含有抑制發芽的化學物質，以免在自然界裡胚芽在寒冬發芽而被凍死。一旦這些化學抑制物質被去除，種子可以立刻發芽。在自然界裡，種子越冬後，由於種子經雨水淋洗或經低溫，都可以去除或破壞這些抑制物質。在園藝栽培上，將這類種子與溼

潤的栽培介質層層交替堆積於容器中，再放在低溫環境下冷藏，直到種子發芽再取出種子播種。這種處理方法稱之為「層積法」（stratification）。未經低溫冷藏的種子，若用胚芽培養的方法培養，胚芽是可以發育成植株，但是所發育的植株非常矮小，被稱之為生理矮化植株（physiological dwarf）。

五、條件式的休眠（conditional dormancy）

在自然界有許多種子，其發芽環境處在一個很廣的溫度範圍，種子會有休眠和非休眠狀態的連續性循環，這循環也可能持續數年。這種循環稱為休眠循環（dormancy cycle）。在休眠循環中的各種休眠程度依序如下：

1. 種子脫離母體，種子有初級休眠，在任何溫度下不發芽。

2. 有初級休眠的種子置於打破休眠的環境下，休眠的程度減低，此時的種子只在很狹窄的溫度範圍的環境下會發芽。這種休眠稱為條件式的休眠

3. 種子休眠狀態完全解除，種子無休眠，在很寬廣的溫度環境下可以發芽。

4. 無休眠種子遭遇不適合的環境，種子又轉變為條件式休眠的種子。

5. 長期遭遇不適合的環境，轉變為條件式休眠的種子，再進入次級休眠，這種種子在任何溫度下都不發芽。

影響種子發芽的環境條件

種子若休眠的因素被排除以後，且具有很強的活力，只要提供適當的環境，種子即可發芽。適當的環境因子包括充足的水分和氧氣，適當的生長溫度，以及光。

一、水分和氧氣

吸水是種子發芽過程的第一個步驟，當種子吸水含水量達到 26~70% 即開始發芽，因此播種的介質必須能夠提供充足的水分。另一方面，種子發芽是一種活力旺

盛的生命現象，因此發芽時需要大量生活的能源，這些能源都是呼吸作用氧化種子內所貯存養分的生化反應所產生的能源。因此發芽的介質除了水分外，還需供應氧氣。氧氣與水分都存在栽培介質的空隙中，介質中含水過多會造成缺氧，同樣的，過於疏鬆的介質雖然可以含有足夠的氧氣，但卻不能保有足夠的水分。介質的團粒構造會影響介質之孔隙度，也會影響介質中水分和氧氣之含量。介質團粒大、孔隙大，則氧氣含量多而不保水。介質團粒小、孔隙小則保水，但因氧氣的擴散速率降低而造成缺氧。

另外會影響種子吸水的因子，是介質中水溶液的鹽類濃度。種子吸水是一種利用滲透原理的吸水作用，若介質中之水溶液鹽類濃度的滲透潛勢大於種子細胞溶液之滲透潛勢，則種子不能吸水。因此澆水的水質其總鹽類濃度不能太高，且種子發芽後第一片本葉未成熟前不宜施肥。幼苗期施肥的濃度也要比成熟植株施肥的濃度低。

播種的介質，越上層的介質水分乾溼變化越大。播種初期，介質含水量劇烈變化不利於種子發芽，可用覆蓋、經常噴霧、底部吸水或稍微增加播種深度等方法以維持水分之穩定。

二、溫度

除水分和氧氣之外，適當的發芽溫度環境對種子發芽也非常重要。每種作物各有不同的發芽溫度範圍，有些溫度範圍很大，有些範圍很小（表 6-1）。同一種作物中，不同品種的種子，其發芽是溫度範圍也不相同。同一品種中，種子的品質好，活力旺盛的，適於種子發芽的溫度範圍較大，而活力低的種子，適於種子發芽溫度範圍較小。另一方面，種子在適當的溫度環境下播種，種子的發芽率與發芽勢較高，種子在不適當的溫度環境下播種，種子的發芽率與發芽勢較低。環境溫度太高，容易使發芽介質乾燥；反之若介質溫度低於種子發芽適溫，介質含水量高且又有病原菌之生長，將嚴重危害種子的發育。一般而言，適於溫帶作物種子發芽的溫度約在 10~21℃，亞熱帶作物種子發芽的適當溫度約在 15~25℃，熱帶作物種子的發芽適當溫度約在 20~30℃，有些種子甚至高達 35℃。還有一些作物種子，

需要在日夜溫變動的環境下發芽較順利，例如番茄種子播種的溫度變化處理爲 6℃
經 5 小時後再經 30℃19 小時，或經 6℃19 小時後再經 6℃5 小時；矮牽牛種子可以
20℃18 小時後再經 30℃6 小時；紫蘇種子則可以 5℃16 小時後再經 20℃8 小時。

三、光線

　　種子發芽對光線的需求也因作物種類、甚至品種不同而有所差別。例如矮牽牛
之 '桃紅' ('Peach Red')、'紅瀑布' ('Red Cascade')、'銀牌' ('Silver Medal')
等品種，必須在光環境下才會發芽；而 '雪鳥' ('Snowbird')、'白瀑布' ('White
Cascade')、'衛星' ('Satellite') 等品種，則可以在光環境或暗環境下發芽。

　　光發芽的種子，在發芽期間見光的時間也因作物種類而有所差別，如矮牽牛
'五月節' ('May Time') 品種，只需一次 10 分鐘長的光處理即可促進種子發芽，
而秋海棠和櫻草的種子則需要四次以上每次 10 分鐘長的光處理才會發芽良好。其
他如長壽花種子連續光照四天發芽率可達最高，非洲菫種子則至少需要連續四天光
處理才會發芽。

　　光處理之光照強度對種子發芽也有不同程度的影響，例如長壽花種子在 200 呎
燭光以上的光照下發芽率較高。又如矮牽牛、櫻草之種子，光照處理期間照光時間
的長短比光強度對種子發育的影響大。

　　從上述環境對種子發芽的影響，根據種子對光與溫度的敏感程度，將作物種子
區分爲八大類：

　　1. 種子發芽不需要光，且溫度適應範圍很大，約 15.6~27℃，如香雪球、蜂室
花、大理花、滿天星、掃帚花、萬壽菊、紫羅蘭、磯松等。

　　2. 種子發芽不需要光，但必需在涼溫下才能正常發芽。即溫度在 27℃以下才
會發芽，且溫度在 18℃以下時，幼苗葉綠素之形成才會正常，如大波斯菊。

　　3. 種子發芽不需要光，但必需在溫暖環境下才能正常發芽。即溫度在 13℃以
上才會發芽，且溫度在 24℃以上時，幼苗葉綠素之形成才會正常，如雁來紅、鳳
仙花、雞冠花、百日草等。

　　4. 種子發芽不需要光，但種子發芽的適當溫度範圍很小。如一年生的香石竹

適當溫度範圍在 13~24℃，勳章菊適當溫度爲 15.6℃，金蓮花則爲 18~24℃。

5. 種子發芽的適當溫度範圍很廣，但在光環境下，高溫會抑制種子發芽或抑制胚軸之伸長。如仙客來、飛燕草、三色菫等。

6. 種子發芽對光有絕對需求性，但對溫度適應範圍很廣，如秋海棠、大岩桐、非洲菫、長壽花等。

7. 種子發芽對光的需求是相對性的：在暗處發芽時，適當溫度範圍小，但在光環境下，則發芽的溫度範圍很廣。如藿香薊、球根秋海棠、非洲鳳仙、櫻草、爆竹紅等。

8. 種子發芽的溫度很廣，但是若播種在 24℃以上的高溫的黑暗環境下，則發芽率明顯降低。如瓜葉菊、彩葉草、花煙草和金魚草等。

 ## 第三節　種子發芽的時期

種子發芽可分爲三個時期，即浸潤期、停滯期以及發芽（胚根突出）期。

一、浸潤期

乾燥種子的水分潛勢（water potential）約爲 -100~-135 MPa，浸水後的 10~30 分鐘快速吸水，接著有數小時的緩慢吸水，然後才進入停滯期，不再吸水（圖 5-1）。浸潤期的種子吸水狀態並不均勻，即種子的外表層雖已是浸潤時，但內層組織仍是乾的。種子內部成分如果蛋白質的含量較高，則比較不容易被加水分解。植物的細胞膜是半滲透膜，當半滲透膜完整時，細胞內的溶質例如無機離子、有機酸等不會流出；但當細胞膜的半滲透膜的功能喪失時，細胞質會流出，此現象稱爲滲漏作用。利用細胞的滲漏現象，測試滲漏出的電解質，可以測出種子活力。

種子的表皮若屬於不親水的性質，種子播種後不容易吸水，因此播種前先用器具刻劃表皮，可以促進種子吸水。但若因劃開表皮造成吸水太快而傷害種子，則可在種子吸水之前先提高種子含水量達 20%，種子才浸潤。另外有些熱帶、亞熱帶作

物種子易受寒害，種子浸潤時的溫度不能太低。

二、靜止期

種子雖沒有再吸水，但此時期卻是生化作用最旺盛的時期，重要的生理作用包括：粒腺體成熟、粒腺體再吸水、粒腺體的內膜活化；於數小時內可以發現的生化反應有：(1) 呼吸作用和腺嘌呤核苷三磷酸（adenosine triphosphate, ATP）合成量增加，(2) 大量合成發芽所需蛋白質，(3) 貯存養分分解，(4) 特殊酵素合成，尤其是使細胞壁鬆弛之酵素。

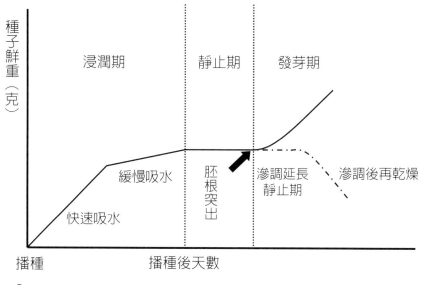

① 種子發芽三階段及滲調種子之鮮重量變化。

種子在成熟時會將養分貯存在胚乳的周皮（perisperm）層或子葉，貯存的養分分為蛋白質、碳水化合物（澱粉）及脂質。蛋白質經蛋白分解酵素分解成胺基酸。澱粉主要的分解酵素是 α-amylase，它將澱粉粒分解成葡萄糖和麥芽糖，最後合成為蔗糖，然後運移到胚軸供發芽所需的養分。脂質貯存於油體（oil body）中，種子發芽過程中，脂質的分解是在細胞內的油體、醣氧化小體（glyoxysomes）、以及粒腺體中進行分解。脂質首先於油體中分解成甘油和脂肪酸，脂肪酸移到醣氧化

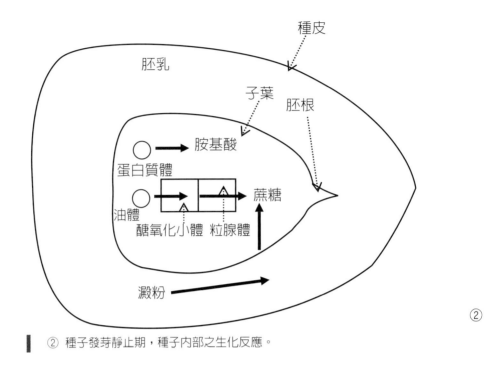

② 種子發芽靜止期，種子內部之生化反應。

小體，轉變成有機酸如蘋果酸或琥珀酸等，琥珀酸在粒腺體中與甘油進行反應，最後在細胞質中進行逆糖解作用形成蔗糖，再轉運到胚軸供種子發芽利用（圖2）。

三、發芽期

　　種子發芽形態上，最早看到形態上的改變就是胚根突出種子皮。胚根突出開始是細胞先肥大，然後跟著是根的分生組織進行細胞分裂。胚根是否能突出種子皮是由胚芽的生長潛勢（growth potential）以及種子皮物理抗力所控制。胚根突出的步驟是，由種子貯藏物分解胚根細胞產生較大的水分潛勢，接著胚根和下胚軸細胞壁變得柔軟，然後胚根周圍的組織軟化讓胚根能夠膨大。胚根突出種子皮的機制可以分為下列幾類：

　　1. 無胚乳種子，如蘿蔔等蕓苔屬植物，其種子皮薄，因此胚根突出的阻力小，水分潛勢的變化以及細胞壁柔軟度與胚根的突出有關。因為徒長素可以影響胚芽的水分潛勢，使種子吸水，反之離層酸則防止水勢變化抑制發芽。

2. 有胚乳的雙子葉植物，每種植物胚乳的特性會影響發芽，例如低溫下的辣椒種子、休眠中的種子。而徒長素與離層酸只是能部分影響種子的發芽。

3. 茄科作物的種子，例如番茄和茄子的種子，胚根外層胚乳蓋（enosperm cap）會限制胚根的突出，細胞水解酵素等可以軟化胚乳的細胞壁，使細胞和細胞分離，降低種子皮的阻力，也可以促進種子發芽。這類種子的發芽分為兩階段，第一階段種子的表皮先裂開，此時胚根是包在胚乳蓋中；第二階段胚乳蓋破裂後，胚根才突出。

4. 胚根的周邊的組織也是種子發芽的障礙，例如瓜類種子包著一層組織膜，此組織膜含有脂質、胼胝質（callose），會減少或對離子有選擇性的滲透性，若將組織膜去除，有助於發芽。又在胚根突出之前，細胞壁分解酵素的功能是使胚根尖端周邊的膜變得更柔軟，以及有更好的離子通透性。

胚芽的構造包括胚軸、子葉和胚根。胚軸分為子葉節以下之下胚軸、和子葉節以上之上胚軸之部分。種子在發芽時利用鈎狀的下胚軸突出地表稱為地表面發芽（epigeous germination），例如瓜類種子發芽（圖 3 左圖）。但如果種子發芽，子葉仍留在種子皮內，下胚軸也未膨大，僅由上胚軸突出地表面，稱為地下發芽（hypogeous germination），例如栗豆（圖 3 右圖）、枇杷種子發芽。

③ 南瓜的種子發芽屬於地上發芽型，種苗有明顯的下胚軸 (左)；栗豆的種子發芽屬於地下發芽型，種苗沒有明顯的下胚軸 (右)。

種子的加工處理

理論上，凡是經過種子發芽試驗、三苯基氯鹽或軟 X 光檢查過具有生命力的種子，播種在適當的環境條件（如水分、氧氣、溫度以及光照）下，應該會發芽。然而實際播種時，往往因種子的休眠作用或者病原菌感染，使得種子發芽率或發芽勢降低，以致於在種苗生產上遭受損失。因此為了克服這些問題，在播種前常做一些預備處理，例如：

一、克服種子休眠的處理

依照各種種子的休眠機制，施予各種不同的預先處理。如利用器械破壞種子皮、酸液處理、熱水處理、高溫或低溫的溼貯藏處理、用流動水淋洗、化學藥劑處理（如 0.2% 硝酸鉀溶液、0.2% 硫脲溶液、0.1% 硼酸液或 30% 聚乙烯甘油（PEG）），植物生長調節劑以及變溫處理等。

二、保護種子免於病原菌感染的處理

1. 種子用各種農用藥劑，如億力、賜保根，以浸漬或粉衣的方法處理，以避免病原菌或昆蟲的危害。

2. 以次氯酸溶液、酒精液、福馬林溶液將種子進行表面消毒。

3. 以溼熱、乾熱、或空氣混合蒸氣的方法消毒種子。例如預防十字花科的黑斑病，可以將種子浸漬冷水 6 小時後，再浸於 54℃ 水中 5 分鐘，效果相當圓滿。又如將種子置於 70℃，經過 2~7 天乾熱處理，對於蔬菜作物中由病毒、細菌及絲狀菌引起的病害能有防治效果，如：萵苣、番茄、甜椒、辣椒的毒素病；各種瓜果類的嵌紋毒素病；番茄之潰瘍病和葉黴病；胡瓜、萵苣之細菌性斑點病；以及胡瓜之黑星病和炭疽病。

三、種子萌爆處理（Seed Priming System，簡稱 SPS）

種子在發芽前預先進行某種處理，使種子能夠吸水進行發芽前的生化作用，但卻沒有足夠的水供應胚芽的根突出種子皮，這種處理方法稱爲「種子萌爆處理」。本書第二章第四節中所描述胚芽的型態，其中屬於基本型的胚芽和軸型胚芽的迷你胚芽，種子成熟時期胚芽都還很小，這類的種子在吸水後胚芽才繼續發育，因此種子發芽所需的時間長，而且種子發芽不整齊；或者有些 F_1 種子價格昂貴，播種後期待能全部同時發芽。前述的這些種子在播種前都應預先做萌爆處理，例如：仙客來或苦瓜的種子。

種子萌爆處理方法可分爲三種：

1. 滲調萌爆（osmotic priming）

將種子浸泡在固定濃度的溶液中，利用溶液的滲透潛勢，來調節種子在溶液中的吸水量，使種子吸水來進行發芽前的生化作用，但卻沒有足夠的水供應胚芽的根突出種子皮，這種處理方法稱爲「滲調萌爆」。例如利用 20~30% 聚乙烯甘油（PEG，分子量 4000 或 6000）、1~2% 磷酸一鉀或硝酸鉀等調整水溶液之滲透壓，再將種子浸在有通氣且調整好滲透壓的溶液，置 15~20℃ 環境 7~21 天後，將種子以蒸餾水洗淨後置於 25℃ 環境下風乾。經過這種萌爆處理的種子，在一般露地氣候條件下播種，可以改善發芽情形，如縮短發芽時間、克服低溫傷害或與溫度有關的休眠作用等問題。然而要注意的是，經過萌爆處理的種子貯藏壽命有限，貯藏太久會降低種子的生機。另外爲了提高蔬菜種苗的耐鹽性，可以於播種前將種子浸漬於鹽溶液，施予逆境處理後再播種。

2. 固體介質萌爆（matrix priming）

固體介質萌爆處理的水分潛勢、溫度、以及處理期間與滲調萌爆雷同，但控制種子吸水的機制是利用介質的含水量，常用的介質有蛭石、眞珠石等。本方法適用於發芽時需要較多水分的大種子，例如萊豆、大豆、豌豆、蠶豆。處理時每公克種子用 0.2-1.5 公克的介質，介質含水量爲乾介質重量的 60-300 倍。

3. 鼓式萌爆（drum priming）

本方法適用於產業上大量種子播種前，為提高種子整齊度而常用的處理。處理時先將大量種子放置於不斷轉動的圓形鼓中，然後再均勻的以微霧加水直到吸溼後的重量達到設定的含水量。

CHAPTER 7

作物有性繁殖之技術

在進行播種作業之前，首要的工作是瞭解種子的特性以及生長所需的環境條件。例如種子的發芽率、種子是否需要打破休眠或萌爆處理、種子的下胚軸是否很短、所需播種介質的物理化學特性，以及種子發芽的適溫、光度等。早期的農業，農夫會按季節氣候的變化，安排下種的農作物以期能豐收。因為種子在適於生長的氣候條件（溫度及雨量）的季節播種，種子可以順利的發芽生長。然而許多園藝作物常被要求能週年生產，而且在非自然生長季節所生產的園產品，往往可以獲得最大的利潤，若以市場經濟的觀點，現代園藝作物由種子繁殖之種苗，可以配合栽培所需，並以獲得最佳收益來決定播種時機。在不適合播種的季節裡，專業種苗生產者可以利用發芽室等設備，將環境控制在適當的溫度、溼度以及光環境下進行播種育苗。

第一節　播種環境

種子播種的場所可分為三種：

一、直播於田間作物生長的位置：凡不適於移植的蔬菜作物，如蘿蔔、胡蘿蔔、草皮種子等都常用這種方法。田間直播方法可以節省移植操作的成本，而且也不會因移植傷害根系而干擾植物的生長。然而，直播必須有發芽整齊的優良種子，並克服直播地點的氣候條件對種子生長的影響。種子播種時的距離也必須非常均一，以期在不浪費土地資源的原則下，能得到大小品質均一的種苗。

二、播種在田間的苗床，待苗木成長到相當大小後再進行移植。凡種子便宜且播種成本比移植所需費用更低廉時，可將種子播種在準備好的苗床以便集中管理、降低成本。其最大的缺點是播種的育苗率低。從種子播種、發芽、苗木生長到移植前的這段時間，常因遭遇環境逆境或生物競爭而損耗。最常利用撒播或條播育苗的作物是容易移植的木本植物，尤其是落葉性果樹或觀賞樹木多用此法繁殖。需要嫁接的果樹或觀賞樹木，也常將砧木條播於苗床，待嫁接成活後，再將嫁接苗移植。

三、在保護環境下播種：即利用可以保溫的冷床（cold frame），或有底部加溫床（hot frame），或在設備有提供種子發芽所需條件的發芽室播種，以達最佳發芽

結果。近代園藝種苗，尤其是需要週年生產或產期調節的作物，都利用發芽室播種催芽（圖1），以克服種子在自然環境條件下發芽的障礙。

① 洋桔梗發芽室。

 播種方法

依播種操作方法，可分為撒播、條播、點播以及機械播種：

一、撒播

種子撒播最省工也最簡便。因此若種子價格便宜，可以直播在栽培的地方播種。不再移植的小葉類蔬菜或景觀用花卉，常用撒播。例如芫荽、小白菜、油菜、莧菜、或黃波斯菊、大波斯菊等。這類種子在播種之前，需先計算單位面積所需的種子量，將種子以適當的密度均勻的撒佈在栽培介質表面，上方再覆蓋種子直徑 2 倍厚度的播種介質。但是若播種的種子是屬於發芽需要光環境的細微種子，例如葉萵苣，或茼蒿的種子，則不能覆土。因此灌溉時，以地下吸水代替澆水，以免種子被沖走，或被埋入介質中因照不到光線而不發芽。種子撒播最大的缺點是播種密度不均勻。種子密度太高，種苗生長的空間不足，容易有徒長苗，以及病蟲害孳生；尤其是土壤傳播的腐爛病或立枯病，一旦發生病株，則迅速蔓延。反之種苗密度低，則單位面積的產值低，土地的經濟效益低。

二、條播

先將溼潤的介質裝填在播種盤（或是做成苗床），再用木板的邊緣壓出 0.25~1 公分深的溝，然後將種子稀疏的播在溝內，覆蓋上介質再澆水（圖 2）。由於條播溝槽底部被壓實，因此水分乾得慢，即介質含水量的變化較旁邊的介質小，且行與

行之間有間隔，萬一感染土壤病害傳播較慢。另因通風較好，病害不易發生，且移植操作容易，這些都是撒播方法所不及的。然而條播同樣有如撒播播種不均勻的缺點。

② 條播種子的方法示意圖。A. 培養介質過篩後，裝填在播種盤中；B. 將介質鋪平；C. 用木條壓出條狀播種槽；D. 將種子均勻播在槽內；E. 覆蓋介質並如 B 圖方法整平介質表面；F. 用平板將介質輕微壓實。

三、點播

有些作物的根系，除了主軸上的胚根外，不容易再生側根或不定根。在移植時若胚根受傷，則植株後續生長將受到嚴重的限制。這類作物在栽培時，常將種子直接播種在預定栽培的定點，不再移植；或者播種在栽培容器的口徑小但深度深的容器，例如喬木類播種用的「穴植管」。

播種時以點狀直接下種，故稱之為點播。點播由於播種的面積大，而且田間的生長環境較難控制，為了改善種子發芽的土壤條件，常在下種的點（植穴）覆蓋上疏鬆肥沃富含有機質的培養土（例如泥炭土等），以保持土壤水分，並提供種子發芽所需的養分。直播通常是由栽培者直接將種子播種在爾後植株生長的地點。也就是說植株栽培不再經過移植，以避免植株移植過程造成的傷害。

四、穴盤育苗

為了避免植物移植過程的傷害，專業種苗生產者則常將種子點播在塑膠袋中育苗，或是將種子點播在穴盤的小格中育苗。由於穴盤的小格的容積小，相對介質用量少，單位面積生產的植株數多，成本低。另外利用穴盤育苗，在種苗移植時，根系可以避免受到傷害，移植後植株的生長不致於停頓。因此 1980 年代以後，大部分的草本作物播種都改用穴盤育苗。

穴盤的小格容積很小，很難將每一小格的裝填到有均一的介質密度，而介質的密度會影響後續的水分管理和種苗發育的整齊度。若育苗使用的穴盤，其小格為具有斷根功能的無底小格，更增添裝填介質的困難。利用托盤托住穴盤，可避免介質從底部的空洞掉出來。托盤上再加上框，框的面積與穴盤面積相同，高度略高於穴盤高度（圖 3 左上）。裝填介質時，先將穴盤放入框內（圖 3 右上），再撒上過篩的介質，讓介質的量高於框架的水平面。再移除高過框架的介質（圖 3 左中），然後整組裝填介質的套件上下震動，移開框架後，再移除穴盤盤面上多餘的介質（圖 3 右中）。裝好介質的穴盤，其每一小格介質的密度是一致的（圖 3 左下）。每一小格的底部小孔也都填滿介質（圖 3 右下）。最後以點播播種方法，分別將種子播種於小格中。

③ 穴盤育苗盤裝填介質方法示意圖。A：裝填介質輔助工具組，托盤和框架。B：將穴盤
固定在托盤上的框架內。C：將介質過篩填滿框架，再移除框架水平面上的介質。D：
扣住框架並向下震動數次，然後拿開框架再移除穴盤水平面上的介質。E：裝好介質的
穴盤，其每一小格介質的密度是一致的。F：每一小格的底部小孔也都填滿介質。

五、機械播種

種子作物的繁殖與栽培分工之後，專業種苗繁殖業者的工作集中且工作量龐大，因此許多生產者都利用機械播種，以提高生產效率。播種機械取種子的原理，是利用抽真空的原理而將種子吸附在小孔（圖4），因此適用於球形的種子，不是球形的種子需先加工被覆（coating）成球形以利於播種。簡單的機械播種是利用吸塵器從打有孔的金屬盤下抽空氣，使種子在滾動時被吸附在小孔上。然後將金屬盤反向蓋在裝好介質的穴盤上，並且關掉吸塵器，小孔上的種子因為小孔不再吸氣，種子就掉落到裝好介質的穴盤的相對應的小格中，完成播種程序（圖4）。

④

④ 簡易半自動播種機操作示意圖。預先將穴盤的小格內裝好介質，然後將種子倒在金屬盤上，打開吸塵器，讓種子滾動而被吸附在金屬盤的小孔上（左圖）。多餘的種子回收（金屬槽中的綠色種子）後，將仍在抽空氣的播種盤反向蓋在左圖的穴盤上，最後關掉吸塵器，並拍打播種盤，使種子脫落到穴盤的相對應的小格中（右圖）。

穴盤育苗以自動化機械點播的方式播種。全部機械分為介質攪拌機（圖5左上），介質裝填機（圖5右上），以及播種機（圖5右中）三個部分。播種前須依照種子的特性調製介質。先將泥炭土、真珠石、蛭石等以一定體積比倒入攪拌機（圖5左上）攪拌，介質過乾時，可以一面攪拌，一面加入適當的水，直到混合均勻。調製好的介質利用介質裝填機（圖5右上）將介質撒落到穴盤上，藉由穴盤裝填時震動的震度大小和頻度，將介質填入小格中。最後將穴盤上多餘介質掃除，然後由一個有表面突起的滾筒將穴盤的每一個小格介質壓出小坑。

由於每種種子的發芽特性不同，因此每次播種前，須由有經驗的資深技師檢查介

質裝填的緊實度（圖 5 左中），必要時調整穴盤裝填時震度大小和頻度。將介質裝填機與播種機連結，裝好介質的穴盤自動送到播種機的軌道上進行播種（圖 5 右中）。

　　自動播種的原理與圖 4 盤狀播種的原理相同，都是利用抽吸空氣而將種子吸著；前者紅色針頭從種子槽吸取種子（圖 5 左下），就如同圖 4 左圖中播種盤上的

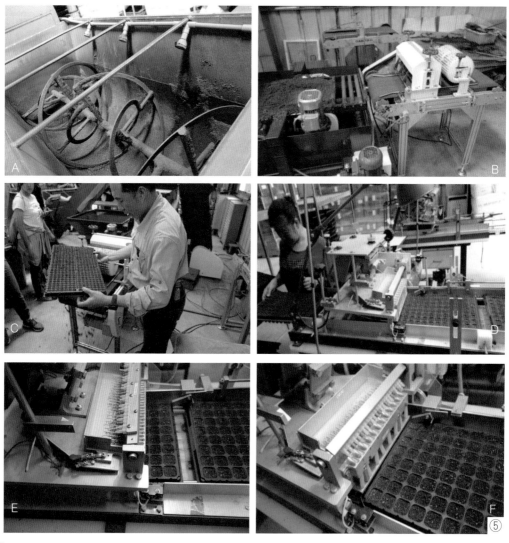

⑤　A：介質攪拌機。B：介質自動裝填機；靠左白色配件先將穴盤上多餘介質掃除，然後由下一個白色滾筒將穴盤的每一個小格介質壓出小坑。C：由資深技師檢查介質裝填的緊實度，必要時調整穴盤裝填時震度大小和頻率。D：裝好介質的穴盤送到播種機軌道上。E：紅色針頭從種子槽吸取種子。F：紅色針頭翻轉 180 度。同時停止抽吸，種子經由孔道掉入穴盤的小格，完成播種程序。

小孔吸附種子一般。當所有的針孔都已經吸取種子後，紅色針頭翻轉180˚同時停止抽吸，種子脫離針孔，經由孔道掉入穴盤的小格，完成播種程序（圖5右下）。

　　在穴盤育苗時，要求每一小格都不能缺株，若有缺株必須另花人力將空穴補齊，非常費工，而且補植的苗生長也不整齊。因此若種子的發芽率稍低時，每一植穴必須放2粒以上的種子。發芽率較差的種子，如香雪球或松葉牡丹，每穴甚至放3~5粒種子，待種子發芽穩定後再拔除多餘的小苗，使每一小格只有一株小苗。

種子發芽後的管理

一、光

　　光強度會影響苗木莖的伸長，在低光的環境下，小苗會長得又細又長，移植後恢復很慢，甚至不能移植成活。利用人工光源育苗時，最低光度應有1200呎燭光的光照強度，而且在種植於全日照環境下之前，必須先經光馴化處理。但光線太強時，植物蒸散作用旺盛，在幼苗根系未完全發育時，反而造成植物缺水，因此植物剛發芽時，宜適度用遮光網等材料遮光，隨著植物發育，漸漸增加光照強度。除了光強度外，光週期對種苗培育也很重要。開花光週期反應為短日開花的作物，育苗時宜培養在長日的環境下，以免苗木很快進入生殖生長而老化。例如在秋冬季節時，若要培育雞冠花苗，宜在夜間用人工光源照明，營造人工長日的環境，否則植株很快開花，莖不再伸長。反之長日作物宜培養在日長較短的環境下，同樣是避免植株提早開花。

二、溫度

　　一般草花種子發芽後，為促進生長宜培養在22~24℃溫度環境，但三星期後宜將培養溫度降至20℃以下的涼溫，使生長緩慢下來，以強化植株避免植株有節間伸長的現象。

三、水分

幼苗發育期的水分管理必須維持水分的穩定，水分乾溼變化太大容易引起病害。但近移植前水分可以漸減，以增加對水分逆境的抗性。

四、肥料

大部分的播種用介質，尤其是不含土壤的無土介質中，都含有一些供種子發育所需的養分，這些養分大致至少可供種子發育兩星期所需。因此發育很快的苗，從播種到移植沒有必要施肥。然而有些種苗的發育期長達二個月以上，則在育苗期間必須施肥補充養分。通常施肥方式是以液態肥料配合灌溉施用，以 1/10000 的氮肥為標準，施用氮 - 磷 - 鉀肥為 15-15-15 或 20-20-20 的肥料，每週施用一次，直到種苗移植或出售為止。

五、植物生長抑制物質

現代穴盤育苗，由於種苗密度很高，常常有節間伸長的現象。施用植物生長抑制劑，可以抑制種苗的節間伸長，這樣就可以維持種苗的品質一段時間，否則一旦種苗的節間伸長，就無商品價值了。另外以「益收」（Ethrel）100~150 ppm 處理矮牽牛種苗，產生低濃度的乙烯不只可以矮化植株，同時還可促進種苗之分枝性。

 第四節　洋桔梗育苗實務

洋桔梗是近四十餘年前才開發的新興切花作物，種原的自然分佈緯度範圍很廣，物種的生長習性差異很大；有生長於低緯度屬於一年生草本的物種，也有生長在較高緯度屬於宿根草的物種。宿根草栽培期間若遭遇環境逆境（例如低溫、高溫、短日、或乾旱），植株很容易進入簇生化的生長型態。要避免宿根草的生長變

成簇生化的生長狀態，植株需栽培在涼溫的環境。若植株已經是簇生化生長的型態，要再恢復成正常生長的型態，植株需要在低溫環境下培養一段期間。臺灣洋桔梗切花外銷日本的季節，主要在冬季，因此洋桔梗需要在容易簇生化的夏季高溫期育苗。雖然洋桔梗在臺灣已經利用低溫播種和利用栽培蝴蝶蘭的涼溫溫室育苗，但是種苗簇生化生長的問題，和種子發芽不整齊的問題仍時有所聞。加上洋桔梗種子很小（每一毫升約 10000-15000 粒種子），種子發芽時又需在光環境下，即種子若落入介質孔隙中，種子就不會發芽了，堪稱是最難播種的種子。因此本節就以洋桔梗的育苗來說明播種育苗技術的種種。

1. 育苗前的準備工作

　　洋桔梗育苗前的工作包括有：檢測種子的發芽率與發芽勢，準備播種介質，以及穴盤裝填介質。

　　洋桔梗商業種子的發芽率在 90% 上下。為了解決微小種子不易播種操作的問題，種子都經過被覆材料製造成較大的粒狀物。經過被覆（coating）的種子，雖然不影響種子發芽率，但會影響種子吸收水分，導致發芽不整齊，這對於穴盤育苗是很嚴重的缺陷。因此育苗前要先進行播種試驗，以了解被覆過的種子播種後的吸水能力。從圖 6 可以發現：不同來源的種子，種子發芽的表現不同。理論上同一批種子播種在不同環境下，種子發芽的表現應該雷同。例如圖 6 左圖顯示：種子在培養

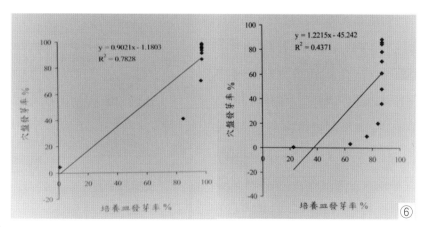

⑥ 不同來源洋桔梗種子，分別播種在培養皿或穴盤、二種播種方法種子發芽表現之相關性分析。圖左種子發芽表現雷同；圖右：種子的發芽表現差異很大。

皿進行發芽試驗的數據與種子播種在穴盤的發芽表現是雷同的。另外來源的種子很顯然地播種在穴盤的種子，種子發芽緩慢而且發芽表現與在培養皿進行發芽試驗的表現差異大（圖 6 右圖）。顯示右圖的洋桔梗造粒種子的吸水性不良。

分析美國洋桔梗原生地區的土壤發現，洋桔梗喜好微鹼性的土壤，雖然耐貧瘠的土壤，但對鉀、鎂、鈣元素的需求量較高。另外洋桔梗喜好疏鬆的沙質壤土，因為洋桔梗的根雖然纖細，但有很長的胚根。當種子發芽時，胚根必須能毫無障礙的向下伸長。若胚根的伸長遭遇阻礙。有可能造成生長被抑制，甚至使植株進入簇生化生長。因此播種用的介質，使用前需先過篩網（網目 2 mm×2 mm），以重建土壤團粒構造（圖 7）。裝填穴盤時，介質需靠上下震動所產生的重力填滿穴格，不得用手或工具壓實，以避免介質的物理結構不均勻胚根發育受阻。

2. 播種操作

包括播種、澆水、以及低溫環境下的種子催芽處理。

洋桔梗種苗初期生長緩慢，一般用每盤有 400 格的穴盤播種，每格放一粒種子，以半自動吸塵式播種盤（圖 8）或以自動播種機播種。由於種子是屬於光環境發芽的種子，因此種子必須播在介質表面，不能覆蓋介質。播種後的給水，需用穴盤由底部吸水方式或噴霧給水，避免在澆水時種子沖出穴格外，或將種子埋入介質中而不發芽。給水到介質溼透後，再將穴盤移到溫度 10℃的催芽室催芽，經 2-4 星期後再移到一般溫室栽培。溫室育苗期間約 8 星期就可以種植。種植期間若是在高溫期，則低溫催芽的期間要長；若植株種植田間時，溫度已經在 25℃以下，則育苗前催芽的處理期間可以縮短，甚至不必有低溫催芽的處理。

⑦ 洋桔梗穴盤育苗裝填介質是技術關鍵。
⑧ 洋桔梗以半自動吸塵式播種盤播種。

3. 種子發芽環境條件

　　洋桔梗種子在 15℃ 環境下播種發芽率低，在 35℃ 環境下播種發芽率高，發芽也整齊，但是子葉展開率低，而且容易發生下胚軸伸長的現象，再加上幼苗期（植株有 2-3 對葉）栽培在高溫環境下會誘導植株簇生化生長的現象。因此洋桔梗育苗，環境溫度宜控制在 18-28℃ 之間；即栽培溫室溫度設定白天爲 28℃，夜間爲 20℃。當小苗第一對本葉展開後，應停止由底部吸水，改由植株上方小心澆水，並且同時施肥。

⑨　臺灣早期洋桔梗育苗發芽不整齊的苗株，占四成以上（左圖）；經農委會及中興大學輔導後，發芽不整齊的苗株，占一成以下（右圖）。

CHAPTER　8

作物無性繁殖之原理

　　凡是以植物之營養器官爲繁殖體，如根、莖、葉等，利用各種繁殖方法繁殖成一個新的族群，由於植物在衍生子代的過程中，從未有兩性結合的現象，故將這種衍生後代的方法稱爲無性繁殖或單性繁殖。這個新族群稱爲營養系，族群中的個體稱爲營養系植株。

　　利用無性繁殖方法的目的有：

　　1. 提高種苗的均一性。所有同一營養系的植株，都能保有親本的遺傳性狀，不會有分離的現象，因此所繁殖出來的每一個子代，其所有性狀都與原來的親本完全相同（true type）。

　　2. 有些多年生植物，經由有性繁殖的植株有很長的幼年期，必須等到幼年期轉變成成熟期的生理狀態才能開花結果，在作物改良上需耗費很長的時間。利用已經是成熟期植株的器官爲繁殖體，所繁殖的種苗可以提早開花，即可以縮短作物改良的時間。

　　3. 自然界有許多不開花、或開花不結實或不易結實的作物，如大蒜、香蕉、鳳梨等，不能或不易利用種子繁殖後代，因此無性繁殖方法是這些作物常用的繁殖方法。

　　4. 可以將兩種分別具有不同優良性狀的作物品種，利用嫁接方法結合成一個具有兩個優良性狀的植株。例如以生產力高且品質優良的品種爲接穗，嫁接到生產力低但是抗環境逆境強的砧木品種。

　　5. 利用嫁接技術創造不同產品型式。例如將灌木型的朱槿嫁接在具有粗壯枝幹的朱槿之幹頂端，創造出喬木型的樹朱槿（圖1）。或利用嫁接技術將灌木形態聖誕紅植體內的菌質體，轉植到喬木形態的聖誕紅，促進植株的分枝性，使喬木形態的聖誕紅轉變爲多分枝形態的灌木型聖誕紅（圖2）。

① 利用嫁接技術生產的樹型朱槿。
② 利用嫁接技術轉植菌質體將喬木聖誕紅灌木化。

第一節　作物無性繁殖與生長點的關係

　　無性生殖是植物一種遺傳質沒有改變的生殖過程。因此，凡是非利用種子（受精卵）以增加植物個體數的方法都稱為無性繁殖法，例如壓條、扦插、嫁接、或微體繁殖等。

　　植物之生長是由細胞的個體數增加和細胞個體體積增大所達成的結果。然而植物組織中，只有分生組織具有細胞分裂的能力，亦即只有分生組織可以再生新的細胞。分生組織的細胞分裂產生新的細胞稱為有絲分裂（mitosis），一個分生組織的細胞經由有絲分裂，可以得到兩個染色體完全相同的細胞。植物的分生組織可以分為初級分生組織和次級分生組織兩種。所謂初級分生組織是指從胚胎細胞分化後，這些細胞就未曾停止細胞分裂的作用，如根的生長點、或莖的生長點。次級分生組織是指細胞已經分化為具有特殊功能的細胞以後，經由再分化後再度成為具有細胞分裂能力的細胞，可以再細胞分裂生成新的植物組織或器官，例如導管和篩管之間的形成層細胞即是次級分生組織。無性繁殖時，壓條繁殖和枝插繁殖與初級分生組織有關，而嫁接繁殖則與次級分生組織有關。

　　高等植物的個體，必須具備有根、莖及葉三種器官，而且能獨立存活於自然環境。換句話說，至少具有根的生長點與莖的生長點之植物體，才可稱為植物種苗。在有性繁殖方法中，自雌雄配子結合後發育到心臟胚期以後，即已經具有往上生長的莖（葉）生長點和往下生長的根生長點。而在無性繁殖中，如分離或分株繁殖法，在繁殖體被分離母體以前，即已經具有根的生長點與莖的生長點，而不必有任何分化新的根或新的莖生長點的過程；壓條繁殖法時，繁殖體必須分化新的根生長點；扦插繁殖時，莖繁殖體扦插必須分化根的生長點，根繁殖體扦插必須分化莖的生長點，而葉繁殖體扦插，則需由葉分化莖的生長點和根的生長點。而在嫁接繁殖法中，則是將具有莖的生長點的接穗和有根的生長點的砧木利用形成層分裂新的細胞，將兩者連結成一個新的植物體。茲以繁殖時分生組織再生器官之層次由簡而繁分別敘述如（表 8-1）。

表 8-1　各種繁殖方法與生長點的關係

分株（分離）	根與莖的生長點在繁殖體分離母體前都已具備。
壓條	根生長點在壓條之後形成，但莖的生長點在繁殖體分離前已形成。
扦插	根生長點的形成是在繁殖體分離母體之後（枝插），莖生長點的生成是在繁殖體分離母體之後（根插）。莖和根的生長點的生成是在繁殖體分離母體之後（葉插），先分化莖的生長點，再分化根生長點。
嫁接	並末有新的根，或新的莖生長點形成，只是將原有根生長點（砧木）與莖生長點（接穗）經由形成層的再生新細胞結合在一起。
微體扦插	同上述扦插方法，在無菌狀態下進行。
微體嫁接	同上述嫁接方法，在無菌狀態下進行。
不定芽體再生	從組織或器官再生分化莖的生長點，再進行扦插。
體胚芽形成	細胞增殖後，直接分化成胚芽，即同時新形成根與莖生長點。

第二節　分株繁殖法

　　凡部分植物體，只要具根、莖及葉有三器官，也就是根的生長點、與莖的生長點，隨時都可將之分開，成為獨立生存的植物個體。這樣的繁殖方法稱為分株繁殖法，而其中又可細分為兩種：第一種分株繁殖方法稱為分離，即植物新生的下一代個體可以非常容易地脫離母體，甚至在自然界也可見其脫落的現象，如水仙花、百合等鱗莖類之分球，唐菖蒲之木子（圖3），百合莖幹上由腋芽發育的小鱗莖（又稱為珠芽）（圖4），洋蔥開過花的花序在總托上結成的小鱗莖（也稱為

③ 唐菖蒲球莖底部的木子。
④ 百合莖上的珠芽。

珠芽）。秋海棠、草莓或雙飛蝴蝶的地上走莖
（runner），其末端的芽所長出的小植株（圖
5）；石斛蘭的高芽（圖6）；或者花梗上著生
之小植株，如吊蘭、蝴蝶蘭、金針花等。只要
這些小植株發育達某個程度，都可輕易分離，
因此分離時不會造成巨大的傷口，當然感染病
原菌的機會較少。不過如果小植株之發育未達
可脫離的程度，而又必須將之分開繁殖時，則
必須用分割繁殖。亦即分株繁殖在分開部分植
物體時，如果需要藉助工具才能順利將小植株
與母體分開者稱為分割繁殖法，如一般叢生灌
木或具冠狀（crown）地下莖之草本植物（例
如非洲菊）的分株（圖7），或某些作物有特
殊的莖變態器官，例如薑、或美人蕉的地下莖
之分割，馬鈴薯塊莖之分塊，甘薯塊根之分
塊等，都屬於分割繁殖。由於分開繁殖體時，
通常都會造成很大的傷口。因此在繁殖時，如
何避免病原菌或害蟲由傷口侵入植體內而造成
繁殖體腐爛，是分割繁殖方法首要注意防患的
事。分割所造成的傷口上塗抹殺菌劑，如硫磺
粉或殺菌劑。有些也可以利用高溫傷癒處理
（curing），待傷口自然癒合後再移至介質中
栽培。分割繁殖時第二件要注意的事，是根與
莖葉的平衡問題。在分株的時候，如果分割的
部分其枝葉太多而根的數量卻很少，分株後根
吸收的水分不足以供應枝葉蒸散作用，則植株

⑤ 草莓（上）和雙飛蝴蝶（下）的
　植株及其走莖上的小植株。
⑥ 春石斛蘭之假球莖上的花芽與高
　芽（小植株）。

將萎凋死亡。若根太多而枝葉太少，因為根呼吸作用所需的能源不足，則部分根會
萎縮腐爛，終至感染病原死亡。因此，雖然將「具有根、莖、葉三部分器官」的繁

⑦ 非洲菊之分株繁殖法示意圖。多年生非洲
菊植株（左圖）；剪除葉身、老莖以及老
根，繁殖體僅留莖和莖上的葉柄以及新生
的短根（右圖）。

殖體分割，就可以繁殖成一個新的植株，然而分割後的繁殖體，根數量與莖葉的數
量必須維持適當的比例。若植株莖葉的比例太高，莖葉宜做適度的修剪；同理，若
植株根的比例太大，根也應剪除部分老根，而非把根剪短。分離繁殖法可在作物休
眠或生長期進行，但分割繁殖法多在該作物生長旺盛時期進行，分割的傷口才能迅
速癒合。

 ## 第三節　壓條繁殖法

　　壓條繁殖法由字面上的意思可以知道是將作物的枝條壓入土中，待壓入土中
的枝條長出根，再將有根的枝條與原來的母株分割，成為另一株可以獨立生存的
植株。在自然界中，也可以見到自然存在的壓條繁殖現象。例如有地上匍匐莖的草
莓；或是由於枝條細長，最後頂梢下垂而埋入土中，經一段時間後，發根而成另一
個樹叢，而原來與母株連結的枝梢，則因老化而腐爛，終至完全脫離母株，例如蔓
性薔薇等。

　　壓條繁殖法非常類似分株繁殖法，後者是植株再自然狀態下就擁有根、莖及葉三器官，而前者的枝條在自然情況下是不會發根的，但若經外力因素使枝條埋入土中後，待被埋入土中的枝條發根，也可以分割爲新的植株。因此壓條繁殖法是否成功的決定因素，是被埋入土中的枝條能否發根。

　　影響被壓條的枝條生根的影響因子有下列幾種因子，茲分述如下：

一、枝條的養分狀態

　　壓條繁殖時，擬被壓條枝條在未與母體分開以前，所有維持生命現象和供給發根所需的養分都靠母體供應。因此不定根的生長發育與母體的生理條件有密切關係。以常綠樹爲例，只要枝條上的葉片已經成熟，光合作用產物即可往其他的組織或器官輸送，因此一年四季都可以進行壓條繁殖，而且枝條生長越茂盛，同化產物越多，則壓條繁殖成活率愈高。反之若在壓條後，因植株的管理不當，導致因病蟲害或生理逆境而落葉，則被壓條之枝條，發根比率也會降低。而落葉樹，在落葉休眠期並不適於進行壓條繁殖。通常會在生長季節末期，大部分的碳水化合物和其他物質不再供應生長，而開始儲存養分，此時爲壓條繁殖的最佳時機。另外在作物開花結果時期，因爲養分優先供應生殖生長，不利於枝條發根，應避免進行無性繁殖。一年四季都在開花的作物，則擬進行壓條的枝條，枝條上的花蕾需事先摘除，以蓄積枝條中的養分，有助於壓條後枝條的發根。

　　碳水化合物和其他有機物質，如植物生長素，都是經由篩管運輸。爲了使有機物質與植物生長素能累積在被壓條的部位供給發根所需，常利用環狀剝皮、或將枝條韌皮部刻傷，使養分累積在這些處理部位而不再往下流動。

二、枝條的白化處理

　　有些作物當在強光下生長發育，枝條中會生合成較多的酚類化合物，而抑制根的發育。因此壓條繁殖前，在枝條上預定再生根的部位給予白化（不見光）處理（etiolation），對發根很有助益。白化處理可分爲兩種，一種是全枝條給予白化處

理，即側枝開始伸長時就予遮光處理（shading）；另一種處理方法則是從枝條發育早期，在擬再生根的部位用鋁箔或黑布等材料，綁成約 2.5 公分的帶狀，直到壓條繁殖前解開，進行環狀剝皮，稱爲帶狀白化處理（banding）。

三、植物的回春處理

植物的再生能力與其生理年齡有密切關係，愈年幼的器官其再生能力越強。壓條繁殖時，需要由枝條再分化出根，因此有些多年生作物，因枝條的再生能力下降，壓條繁殖很難發根。可以利用將枝條修剪到靠近主幹基部，或組織培養的方法，使植物枝條回復幼年性，重新恢復再生能力，稱之爲回春（rejuvenation）處理。

四、植物生長素或生長調節物

植物的生長與發育，受到植物生長素與細胞分裂素的調控。壓條繁殖的枝條中，需要有比較高濃度的生長素才會發根。因此利用具有類似植物生長素（吲哚乙酸）生理作用的生長調節劑，例如萘乙酸、吲哚丁酸等，以適當的濃度處理在環狀剝皮的切口，可以促進枝條生根。

五、其他環境因子

壓條繁殖的環境因子與作物根生長的條件是相同的。因此維持壓條發根環境的適當水分、通氣性以及適當的溫度是必要的。

壓條繁殖之繁殖效率較低，大量繁殖時需要有大量的母株，而且繁殖操作比較繁複，種苗生產成本較高，因此商業種苗生產很少利用此繁殖方法。但有一些特殊情況下，仍需要利用壓條繁殖來繁殖種苗。例如下列所述的狀況：

一、扦插繁殖或嫁接繁殖成活率低，而種苗價格高的作物。雖壓條的成本比較高，但衡量種苗的價格後，仍有可行的種苗生產。例如臺灣在 1991 年以前的玫瑰花的種苗生產，由於沒有噴霧扦插設備，玫瑰花扦插繁殖成活率低，因此玫瑰花

的苗木都採用壓條繁殖法生產。但在 1991 年以後，開發了玫瑰花單節扦插繁殖方法，目前已經改用單節扦插繁殖生產玫瑰花種苗。另外蘋果、梨之矮性砧木等，也常用壓條繁殖。

二、苗木的需要量不多，但苗木價值很高的觀賞作物，如盆景植物所需之種苗，常直接在大樹上選擇枝條造型非常特殊的部位，以壓條的方法繁殖。另外為了短期內可以獲得較大的植株，常在大樹上選擇較粗大的枝條進行壓條繁殖，如橡膠樹、變葉木。有些自根生長良好的果樹，而且植株幼年期長，用壓條繁殖的種苗，可以提早達到結果期，例如熱帶果樹荔枝、芒果等。

三、有些樹木移植成活率低，或者擬外銷的裸根植物（bare root plants; 植物根表面的土壤或栽培介質被完全洗去，稱為裸根植物），經貯運後因嚴重失水，再種植的成活率很低。這些植物可以利用檢疫法規所允許的介質，（例如水苔、椰殼纖維等）進行壓條繁殖，然後以壓條繁殖成活的苗木直接進行檢疫、貯運、外銷。

植物壓條繁殖的方法，依其壓條位置的高度可分為掩埋壓條、堆土壓條以及空中壓條三種。茲將各種方法敘述如下：

一、掩埋壓條法

掩埋壓條法，繁殖季節多在早春或秋天進行，大部分的蔓、藤類作物、或枝條比較柔軟的灌木皆可用此方法繁殖。繁殖的操作的方法是將適於繁殖的枝條，直接彎曲壓入土中。對於不易發根之作物，可以先在枝條預定發根處環狀剝皮，然後再將已經環狀剝皮枝條埋入土中，可以促進枝條的發根。掩埋壓條的方法依照埋入土中的狀態，又分為單枝壓條法（simple layering）和複枝壓條法（compound layering）。前者是將整個枝條彎曲到土面，而從枝條的分枝的位置到頂梢間，只有一個位置埋入土壤或介質中，新的不定根會從枝條埋在土壤或介質中的部位長出，最後再將這些已發根的枝條與原來的母株分離。後者的壓條方法是將整個成熟的枝條呈水平狀的掩埋入土中（若枝條堅硬不易彎曲者，則先將植株倒伏種植），新的側枝會從原來掩埋的水平枝條上的腋芽發育出，再由新梢的基部發育新的不定根，最後再將這些已發根的新梢分離。複枝壓條法（compound layering）還有一種

變型稱為蜿蜒式壓條繁殖方法（serpentine layering），這種方法適用於枝條很軟的蔓藤植物。繁殖方法是先將枝條橫倒於地面，然後分別將枝條上第一個彎曲著地的節的枝條埋入地下，而下一個節則留在地面，交替掩埋枝條。地面下的節會長根，而地面上的節上的腋芽會長成新梢，最後再將這些已發根的新梢分離。

二、堆土壓條法

某些灌木其枝條之節間的距離很短，且枝條堅硬不易彎曲，很難將枝條埋入土中，於是利用堆土的方法，將植物的枝條擬發根的部位用土堆覆蓋，使其獲得潮溼黑暗的發根條件。待壓條的枝條發育不定根，將土堆掘開，再分離已經發根的枝條。對於需要具幼年性枝條才會發根的植株，則可先將植株修剪至植株基部，使其長出具幼年性之新梢，再利用堆土壓條方法繁殖。

三、空中壓條法

空中壓條法又稱為中國壓條法，是中國人所發明的。許多高大的作物其適於壓條的枝條長在比較高的位置，不是堆土法所能堆高的高度，聰明的中國人於是想辦法利用竹筒或花盆裝土來就壓條的位置，由於壓條的位置都在半空中，故稱為空中壓條，簡稱高壓。最早的高壓方法所使用的繁殖介質為保水力好的黏土，後來因為黏土的重量太重，改以黏土拌牛糞取代，後來更改用質量輕又保水的水苔介質。空中壓條由於是以介質就枝條的位置，因此操作繁殖的空間呈立體分佈，比起呈平面分佈的掩埋壓條或堆土壓條繁殖效率高得多，加上操作容易，故為最常用的一種壓條方法。

健壯的一年生成熟枝條常被選作為高壓繁殖的枝條。所謂一年生的枝條是指枝條生長時間已經超過一年。在一年只有一個花期的多年生作物中，開過花的枝條，幾乎都是一年生的枝條。然而對於一年多個花期的作物，則只能以開花枝條做為成熟的指標，不能以生長期已經一年為成熟的指標。例如雜交種薔薇（玫瑰花），依季節不同每 6~12 星期即有一開花週期，因此開花枝的成熟度與落葉果樹一年生

枝條之成熟度是相同的。若以「生長一年的時間」作爲選擇高壓枝條的標準，則選出枝條的成熟度等同於落葉果樹之五、六年生的枝條成熟度，因此壓條後將不會發根。

空中壓條前，先在枝條預定壓條的位置進行環狀剝皮。環狀剝皮的目的，是要阻斷由環狀剝皮切口以上的生長點周邊的葉原體所生合成的生長素，累積在環狀剝皮處上方以促進發根；及並阻斷葉片所製造的同化養分往下輸送而累積在切口上方，以提供足夠的同化養分發根。大部分植物，在節的位置比在節與節之間的位置容易發根，而且節的組織堅實，病原菌不易從此環狀剝皮的傷口侵入。因此環狀剝皮的位置，即環狀剝皮切口的上緣，就在節（葉在枝條上著生的痕跡）上（圖8）。

環狀剝皮的寬度則以枝條直徑的兩倍爲基準（圖8）。如果環狀剝皮的切口太窄，則形成層所產生的癒傷組織有可能癒合傷口，而失去環狀剝皮的目的。但若傷口太大或太深，則枝條又容易折斷。對於不易形成癒傷組織的作物，環狀剝皮的長度酌量減短，反之環狀剝皮後會形成大量癒傷組織的樹種，如豔紫荊，則環狀剝皮的長度宜加長。

空中壓條目前多以水苔做爲包紮傷口的材料。包紮水苔的含水量，會影響包紮後水苔的緊實度。包紮後水苔的緊實度與繁殖期間水苔含水量的調節有密切的關係。而繁殖期間水苔的含水量，是決定高壓繁殖成敗的重要關鍵。當包紮的水苔鬆散時，雖然在包紮後初期，水苔的含水量多，但水分會迅速流失；又若繁殖期間遭遇雨天，則包紮後的水苔，會再度吸入太多的水。換句話說，包紮的水苔的緊實度不夠，繁殖期間高壓枝條發根部位的水分變化劇烈不利於發根，即令發根，也容易在下雨後水苔吸水太多導致根缺氧而死亡。若包紮的水苔的結實度適當，則可以將水苔的含水量變化維持在較穩定的狀態。

水苔介質在包紮環狀剝皮的缺口前，先將水苔酌量放在塑膠紙中，並用手掌壓成條狀（圖9），再直接包紮在環狀剝皮的切口上緣（圖10），也就是未來枝條發根的位置，然後一邊纏繞，一邊加壓擠出多餘的水分（圖11），最後將塑膠紙固定，即完成所有空中壓條的步驟。完成包紮的水苔，若非常緊實具彈性，則表示操作正確（圖12）。

⑧ 高壓繁殖操作方法示意圖。選取開花枝
　條，在第 5 葉片葉下方環狀剝皮。
⑨ 取適量的水苔，置放塑膠紙上並擠壓成
　條狀。
⑩ 環狀剝皮的缺口放在水苔條上。
⑪ 包紮並擠出多餘的水。
⑫ 在水苔包的上下位置用繩固定。

　　一般的作物空中壓條後約 3~6 星期，即可看到在包紮的水苔表面，穿出新長的根。剪下已經發根的壓條苗，建議先將苗的水苔部位浸水，直到包紮的水苔，再重新飽和水後才解開塑膠紙，然後將水苔部位直接種植到栽培介質中。以空中壓條繁殖的大型苗木，例如空中壓條的荔枝苗，需等到一次根成熟，並且再長出二次側根時，才能將高壓苗分離母體。新繁殖的壓條苗種植後，應適度的修剪枝葉，並加以遮蔭，以避免水分過度散失影響成活。

CHAPTER 9

扦插繁殖法

　　凡將植物部分之器官，插（埋）入介質中，促使再生新的根或新的莖、葉器官，而再成為同時具有莖的生長點，和根的生長點的完整植物個體，且能獨立生存於自然環境，這種繁殖方法稱之為扦插繁殖法。扦插繁殖法與壓條繁殖法之區別，在於再生根的時機不同。壓條繁殖方法是先再生不定根之後，再將繁殖的個體分離母體；扦插繁殖方法則是先將繁殖體分離母體後，然後再生新的根或莖、葉。

　　扦插繁殖方法是除了組織培養方法外，最有效率的無性繁殖方法，也是商業種苗生產中利用範圍最廣的繁殖方法。植物能夠利用扦插方法繁殖，是因為具有全能分化和再分化的能力。所謂「全能分化」是指每一個活細胞都含有能夠分化成一個完整植物體所需的遺傳訊息，而且也具有能夠分化成一個完整植株的潛力。「再分化」則是指已經分化成具有某種特殊功能的細胞，例如莖的細胞，本來以不再具備有細胞分裂的功能，重新變為具有細胞分裂能力，經由過細胞分裂得到新的根組織的細胞。所以植物的再分化能力使枝條在扦插繁殖過程中新生成不定根，成為一個完整的植物新個體。

第一節　影響扦插枝條再生的因子

　　作物因為物種或品種不同，發根能力也有極大的差異。容易發根的作物，在簡陋的設備和粗放的管理下，仍可得到很高的發根百分率。而不易發根的作物，只有在許多影響發根的因素都被考慮到的適當環境下才能發根。茲將影響扦插個體發根的各種因子分述於下：

一、生產扦插枝條母株的管理

　　雖然每種作物之遺傳性狀各有差異，然而適於繁殖的枝條之生理狀態，是由環境條件與遺傳基因交互作用所表現出的性狀。因此生產扦插枝條的植株之環境條件，密切地關係到枝條扦插繁殖之成活率。例如生產枝條的植株應避免受到缺水的逆境，尤其是以綠色半成熟枝為繁殖體的常綠闊葉樹，繁殖體細胞內之含水量，決

定扦插之成活率。有經驗的種苗業者，常強調理想採取扦插枝條的是當時機是在清晨，其目的即是在細胞膨壓最大時採集扦插枝條。

扦插枝條中的同化產物是發根所需的能源，因此凡是會影響植株光合作用的環境因子，如水分、溫度、光照強度，都間接影響到扦插枝條的發根能力。利用環狀剝皮、或割傷枝條的方法，使光合作用產物累積在傷口部位，有助於扦插繁殖時枝條的發根。另一方面，施用氮肥會改變植株體內的碳氮比，過量氮肥促進新梢生長，也就是消耗碳水化合物，因此不利於枝條扦插繁殖的發根。

從扦插枝條的營養分析發現，錳含量高的枝條不易發根，容易發根的枝條，錳含量都很低。此外在葡萄或馬利安那品種的李子，生產扦插枝條的母株特別施鋅元素的管理，有助於扦插枝條發根。因此在生產扦插枝條的植株管理上，也要特別注意施鋅肥。

對於有明顯開花季節性的作物而言，作物在生殖生長（開花）期間不利於進行營養繁殖。因此生產扦插枝條母株之管理，必須使植株維持在營養生長之生理狀態下。因此開花日長反應為「短日植物」的作物，例如菊花、聖誕紅、長壽花等，其生產扦插枝條的母株，常用光週期長日處理來維持植株在營養生長狀態。

生產扦插枝條的母株栽培在較低的光強度，但又不影響光合作用的環境下，有助於扦插枝條的發根。例如玫瑰花、蘋果、梨、李、扶桑花、杜鵑花、楓樹等作物。另外將扦插枝條發育期間將枝條白化處理，或在要發根部位先用不透光材料包纏處理，都可促進發根。

二、扦插枝條的幼年性

不易發根之樹種，不定根形成的潛力隨著扦插枝條年齡的增加而漸減。此處所指之年齡是生物學上的年齡，而非以器官形成時間之序列為年齡。因此樹基部樹幹上休眠的腋芽在年幼時即已形成，是屬於具幼年性的芽，由此部位長出的枝條，其幼年性比較高處腋芽形成的枝條之幼年性強。因此利用回剪（cut back）的修剪方法誘導樹基部樹幹上的腋芽發芽或新形成不定芽體，所形成的新枝條扦插比較容易發根。

不斷的摘心處理也可以恢復枝條的幼年性，許多灌木或多年生草本植物多利用不斷的摘心以維持枝條的幼年性，如宿根滿天星、香石竹、菊花等。又接穗重覆嫁接於幼年性的砧木，也可以逐漸恢復接穗之幼年性。例如將已經不具發根潛力的尤加利樹枝條嫁接於幼年性砧木上，連續嫁接六次之後，所生產的扦插枝條就會再具有發根能力。

三、扦插枝條的生長狀況

若生產扦插枝條的植株源自於實生苗，則在選擇做為繁殖成營養植株系之前，應經過選拔。雖然植株都栽培在相同條件下，然而植株之遺傳性狀會影響扦插枝條的發根。其他如扦插枝條生長在植株上的位置、枝條的長短、是否附帶原植株部分較成熟組織、是否開過花等，都會影響發根。

四、扦插繁殖的季節

常綠闊葉樹種通常在新梢生長完成木質部組織成熟時，枝條的發根能力最高；葉片較窄的常綠樹種，枝條扦插比較容易發根的時期則在晚秋到冬。另外每種作物都有其特定的根插繁殖的季節，例如紅覆盆子，每年秋到翌年春天，根插成活率高達 100%，但在夏天根插繁殖，則完全不能成活。

五、扦插繁殖體的處理

1. 發根促進劑的處理

在人工合成的促進發根物質未被發現以前，Zimmerman 發現，有些具有不飽和化學鍵的氣體如乙烯、一氧化碳、乙炔，有促進草本植物枝條之根形成與發育的生理反應。以前歐洲地區的園丁，常把穀粒放在扦插枝條的基部切開的夾縫中，原來發芽中的種子會產生促進發根作用的植物生長素。

　　自然合成的植物生長吲哚乙酸（IAA）和人工合成的生長素吲哚丁酸（IBA）、萘乙酸（NAA）之發現，是種苗繁殖史上一個重要的里程碑。因為 IAA、IBA 及 NAA 都能促進枝條或葉片產生不定根。還有一種含酚的除草劑 2,4-D，於低濃度時也有如生長素一樣促進某些植物生根的能力。上述各種促進發根物質中，IAA 較易氧化，因此不易貯藏，在實際商業種苗生產較少使用。枝條扦插繁殖時，常使用 NAA 或 IBA 做為發根促進劑，而 NAA 和 IBA 混合使用之效果常比其單獨使用效果好，甚至也有將 NAA、IBA 及 2,4-D 三者混合使用的。

　　植物生長調節劑 IAA、IBA、NAA 或 2,4-D 等都不溶於水，因此發根促進劑的調製需利用上述植物生長素含有鉀的鹽類，配製成水溶液，或者將其直接溶解於 50% 酒精或丙酮溶液，配製成所需要的濃度。至於粉劑的配製，則先將植物生長素溶解於 95% 酒精溶液中，加入適量的滑石粉並攪和成漿，經風乾，使酒精和水分蒸發，再研磨成粉劑即成為所需要的促進發根的粉劑。發根促進劑溶液的濃度單位為 g/ml（植物生長素質量 / 溶劑體積），而粉劑的濃度為 g/g（植物生長素質量 / 滑石粉質量）。

　　發根促進劑處理方法可分為七種：

　　(1)粉衣法：就是將扦插枝條的底部沾上能促進繁殖體發育根的粉劑。發根促進劑對不同作物各有不同的適當濃度。適於一般草本作物的濃度為 1-2 mg/g；適於一般灌木作物的濃度為 2-4 mg/g；適於一般喬木作物的濃度為 4-8 mg/g。然而從扦插繁殖體發育根的位置，來判斷處理的發根促進劑的適當濃度，才是最正確的。例如圖 1 所顯示：左邊的扦插枝條是處理適當濃度的發根促進劑，根從扦插枝條的底部發育；右邊的扦插枝條是處理比適當濃度還要高濃度的發根促進劑，扦插枝條發根的位置往上移。這現象是因為植物生長素向根基端的極性（polarity）移動，造成扦插枝條的基部生長素的濃度過高反而抑制根的發育。為了使促進發根的粉劑能夠附著在枝條上，枝條底

① 扦插之前枝條的底部處理適當濃度（左）或較高濃度的發根促進劑（右），在扦插之後枝條底部發根的情形。

部可先沾溼，再處理發根促進劑。若將枝條底部先浸 50% 酒精或丙酮溶液後再沾促進發根的粉劑，則更可促進發根之效果。

(2)稀釋溶液浸漬法：將扦插枝條底部約 2.5 公分長浸漬於含有 20~200 mg/l 發根促進劑（IAA、IBA 或 NAA 等）的溶液中，在 20°C 環境下浸漬 24 小時後再扦插。這種方法的處理時間長，且處理期間環境的變化常影響到植物生長素的效果，因此在種苗生產上較少使用。

(3)高濃度溶液瞬間浸漬法：將扦插枝條底部約 0.5~1 公分浸漬於含有 500~10000 mg/l（或更高濃度）發根促進劑的 50% 酒精溶液 3~5 秒鐘後再扦插。這種處理方法操作簡便，發根促進劑可均勻的附著在扦插枝條上，植物吸收快，不易受環境影響。經瞬間浸漬法處理過的枝條，枝條發根比率較高且穩定，許多種苗生產者喜歡這種處理方法。

(5)噴灑處理：將準備扦插繁殖的枝條收集成捆，然後將含高濃度植物生長素的溶液直接噴灑在扦插枝條的底部或葉片上。雖然植物生長素會抑制莖葉生長，但這是暫時的現象，對枝條發根以後沒有不良的影響。

(6)生產扦插枝條的母株直接處理生長素：在收集扦插枝條之前，生產扦插枝條的母株，先噴灑植物生長素。

(7)植物生長素配合白化處理：先將含 IBA 等生長素之酒精（或丙酮）溶液塗抹在玻璃片上，風乾後在玻璃片上形成 IBA 等之結晶，用黑色 PVC 膠帶黏上玻璃上的 IBA 等之結晶，再纏在經白化處理的枝條上，使扦插枝條在未分離母株之前，根已經開始分化。經過處理的扦插枝條，很容易發根。

2. 殺菌劑處理

枝條在扦插過程中，容易受到存在水中或扦插介質中病原菌之感染。因此扦插枝條的切口直接塗抹殺菌劑，例如億力、大生粉、或硫磺粉等，可以抑制病害發生提高扦插成活率，也可以在發根促進劑中添加殺菌劑，例如「植保一號」的發根促進劑，其主要成分為 NAA 和億力（殺菌劑）。

3. 無機養分處理

在所有無機養分中，硼元素已確知與根生長有密切關係，例如秋天扦插繁殖的

英國冬青枝條，若經過硼元素和 IBA 共同處理後，無論發根成活率、以及根生長速度都明顯增加。

4. 扦插枝條的割傷處理

枝條割傷可以使植物同化產物和植物生長素累積在受傷的切口，很顯然地，組織由於受到傷害的刺激導致細胞分裂而形成根分裂組織。另外由於割傷使枝條接觸介質的表面積增加，因而增加吸水量。有些扦插枝條有很強韌的表皮。枝條經割傷後，新生長的根就可容易向外穿出表皮組織，迅速發根。在許多木本植物的扦插繁殖，如朱槿、柏樹，當扦插枝條的基部帶有較老的組織時，常用割傷發方法促進發根。

5. 根插繁殖體的細胞分裂素處理

以根為扦插繁殖體時，根先處理細胞分裂素（cytokinins）有助於從根生長不定芽體。常用於植物繁殖時促進不定芽體生長的細胞分裂素有激動素（kinetin）和甲苯胺（BA）等。這些化學藥劑之溶解，可先用 1 克當量濃度（1N）的氫氧化鈉（NaOH）溶液溶解後，再用水稀釋到所需要的濃度。

六、扦插環境

1. 扦插介質

扦插介質主要有四個功能：(1) 固定扦插枝條，(2) 供給水分，(3) 供給氧氣，(4) 提供發根所需的暗環境。因此理想的扦插介質必需有好的團粒構造，以維持 15-40% 的孔隙度，和 20-60% 的保水能力，以確保澆水後水可以迅速流入介質中的孔隙中，並維持介質中水分與空氣（氧氣）的平衡。為了操作方便，介質不宜太重。乾介質適當的比重為 0.3-0.8g/cm^3（表 9-1）。在化學性質上，理想的介質為中性或微酸性，且酸鹼變化的緩衝能力要大，也不會溶出太多的鹽類（表 9-1）。此外無病原菌，價格便宜，容易取得也是選擇介質必需考慮的條件。常用的介質材料有粗砂、真珠石、蛭石。

表 9-1　理想扦插介質的化學性質與物理性質

特　性		理想值的範圍
化學性	pH 值	4.5~6.5，最好在 5.5~6.5，且緩衝效果越大越好
	可溶性鹽類	以 1 土：2 水之比例抽出的土壤溶液，其鹽類濃度在 400~1000 ppm
	陽離子交換能力	25~100 毫克當量／公升
物理性	容積比重	0.30~0.80 克／立方公分（乾介質） 0.60~1.15 克／立方公分（溼介質）
	空氣孔隙度	15~40%，最好在 20~25%
	保水能力	在重力水排除後，保留的水占總容積的 20~60%
	團粒穩定性	不會立刻分解改變團粒構造

2. 光強度與光週期

　　扦插期間扦插枝條所需的光強度因作物不同而異，例如朱槿枝條在較低的光環境下發根較好；但有些草本植物如菊花、天竺葵，在冬季時將光度提高到 116 W/m² 時較好。以扦插枝條的種類區分，以綠枝條扦插，需要光進行光合作用以利發根；而以落葉枝條扦插，則不需要太強的光度。

　　光週期不只影響莖、葉的發育，同時也會影響根的形成。以秋海棠葉片扦插繁殖為例，在日長短且低溫的環境下，可以促進不定芽體的形成，但卻抑制不定根的生成；而在日長長且高溫的環境下，則可促進根形成。另外在種苗生產時，必須維持種苗在營養生長狀態下，因此對於開花有光週期反應的作物，在整個育苗過程中必須利用光週期控制，避免植株或扦插枝條進入花芽分化期。例如菊花、聖誕紅等。因此擬在秋冬季短日期進行扦插繁殖，繁殖期間需要進行「暗期中斷」處理，以避免扦插枝條在繁殖期間花芽分化或開花。

3. 溫度

　　對溫帶作物而言，適當的介質發根溫度為 18~25℃，而氣溫則以日溫 21~27℃、夜溫 15℃最適於發根。熱帶作物則是在 25~32℃環境下，最適於發根。

4. 水分

　　帶有葉片的扦插枝條扦插繁殖時，除了扦插介質的保水力良好外，還必須注意

到葉片的水分潛勢。因葉片可以行光合作用供給發根所需養分，但葉片也是扦插枝條失水最快的器官。當葉片遭受缺水逆境時，細胞內的水分潛勢低於 -1.0 MPa 時，枝條就不會發根。因為葉片遭受缺水逆境時，氣孔會關閉。葉片缺水又缺二氧化碳，光合作用不能進行，枝條得不到能源，當然就不會發根。

　　控制葉片水分散失的方法可分為封閉系統（enclosures）、間歇式噴水方法（intermittent mist）、或噴霧方法（fogging）等三種方法。所謂封閉系統，主要原理是減少蒸發以提高空氣中相對溼度，進而有降低蒸散作用的效果。常用的封閉空間中，費用較高的有 PE 隧道；或利用框架再用透光或半透光的被覆材料封閉；而費用最低方法，是直接將薄不織布覆蓋在扦插枝條上。間歇式噴水系統或噴霧系統，是利用在空中噴水（水珠直徑約 50~100μm），或利用噴霧機噴霧（霧的直徑小於 20 μm），由於水分蒸散而降溫，同時提高扦插環境中的相對溼度（relative humility；RH），因而降低扦插枝條之蒸散作用。

第二節　扦插方法的種類

　　扦插方法的種類因繁殖體器官不同可分為：枝插、葉芽插、葉片插、根插，有許多作物可以利用各種扦插方法繁殖。選擇扦插之方法，應視苗圃所在地之先天環境條件，選擇容易操作、費用低廉以及成活率高的方法。茲將各種扦插方法分述如下：

一、枝插

　　扦插繁殖的枝條已具有頂芽和腋芽，若在正常的條件下，由枝條底部發根，即可成為獨立的植物個體。依照枝條木質化程度之特性可分為落葉樹成熟枝扦插、常綠樹成熟枝扦插、常綠樹未成熟枝扦插、以及草本植物的扦插四種。

1. 落葉樹成熟枝扦插

常被利用於落葉樹種的繁殖，扦插枝條為成熟落葉的休眠枝條。繁殖的季節自晚秋落葉後至翌年早春。因枝條仍處於休眠狀態下，腋芽尚未發芽，所以枝條貯運非常方便，同時也是最容易操作的方法。

插穗選自前一季生長已成熟落葉的休眠枝條，頂梢部位通常貯藏的養分低，因此剪除不用，只用枝條中下部位。所取的扦插枝條長度從 10~35 公分不等，容易發芽的作物種類，扦插枝條宜短一點，但每支扦插枝條至少有 2 個節。大部分木本植物發根的位置

② 梨樹落葉枝條的扦插繁殖。

在腋芽或靠近節的位置，因此扦插枝條底部切口的位置在節的正下方，而每支扦插枝條的頂切口在腋芽上的位置（圖 2）。

有些不易發根的樹種，例如李、梨、蘋果等，若地上部氣溫較高，腋芽常在枝條未發根，即已發育伸長。由於枝條尚未發根，水分吸收不足而造成新梢萎凋枯死。這類的扦插枝條常在枝條底部處理吲哚乙酸等促進發根物質，再置於溫暖潮溼的環境貯藏，促進枝條底部在未發芽前先形成癒傷組織，然後再扦插到適當環境發根、發芽。

2. 常綠樹成熟枝扦插

常綠樹成熟枝扦插適用於針葉樹，如龍柏、扁柏、杉木等，或做為砧木用之窄葉木本植物。扦插枝條的來源也是前生長季生長成熟的枝條，只不過其為常綠樹，沒有落葉現象而已。繁殖季節多在晚秋到冬，植物生長緩慢的時期。扦插枝條只取枝條頂部 10~20 公分長。扦插繁殖時，插入介質的枝條必須去除所有葉片，而地上部枝條仍有大量綠葉，為了避免蒸散作用過於旺盛而散失水分，通常在有光線且又溫暖、高溼的環境下扦插。有時為了促進發根，不同物種的扦插枝條會有不同的處理方法。例如在扦插枝條底部割傷、或劈開枝條基部、或枝條底部帶有一點原來老

枝的組織，由於扦插枝條的形態像腳跟形、或槌子形，因此被稱踵枝扦插方法、或槌枝扦插方法（圖 3）。此方法也用於闊葉落葉樹種的扦插繁殖，而繁殖的季節多半在夏季或初秋。闊葉的落葉樹種若需要在春天枝葉未成熟時進行扦插，則一定要帶有少許的老枝組織，即如圖 3 所謂的踵枝插。

3. 常綠樹半木質枝條的扦插

此種扦插方法適用於常綠闊葉樹種，通常在新梢生長後的夏天，當新梢的莖組織半木質化時，剪下做為扦插繁殖的材料。

扦插繁殖時，扦插枝條只取當年生枝條半木質化的部分，已經完全木質化的枝條底部不適於做為扦插材料。每支扦插枝條的長度約 10~15 公分。為了促進發根，扦插枝條的底部常需割傷，並處理促進發根的生長調節劑。由

③ 龍柏的踵枝扦插繁殖。
④ 朱槿的半木質枝條的扦插繁殖。

於扦插枝條中所帶的水分和養分多寡，是決定扦插成敗的關鍵，而在清晨剪扦插材料時，枝條的含水量較高；在下午剪扦插材料則枝條中累積的光合作用產物較多，因此取扦插材料的適當時機，因作物種類而定。此外若在下午採集的枝條，應迅速置於冷水中降低枝條之田間熱，這種措施不但可以降低呼吸作用，減少光合作用產物之消耗，同時還可提高枝條之含水量，只是要特別注意冷水中是否含病原菌。又扦插枝條是否帶有過多的葉片。為了避免過度蒸散作用而失水，枝條上的葉片宜酌量修剪。而且繁殖也需在有噴霧設施的扦插環境下進行（圖 4）。

4. 草本植物扦插

大部分的多年生宿根草本植物，尤其是花卉作物，常用扦插繁殖。例如菊花、香石竹、宿根滿天星等。扦插繁殖用的枝條選自強健且尚未花芽分化的嫩梢，長度約 5-15 公分（圖 5）。採集嫩梢的方法常用摘心方法（pinch）而不用工具。摘

不斷的頂梢不能作為繁殖體。上述的宿根草本植物若開過花或已經進入花芽分化，其所生產的枝梢扦插繁殖困難或根系發育差。植株需經過一段低溫期，讓植株回春後，所生產的枝梢才能再恢復發根活力。草本植物扦插，枝梢繁殖體需帶有葉片，葉片太大時可以酌量修剪葉片。另外塊根作物利用塊根為繁殖體的繁殖效率低，經濟生產所需的種苗也常用嫩梢扦插繁殖，例如大理花或番薯等。只要扦插繁殖床有加溫設備以及噴（灌）水設施，應可週年進行扦插繁殖。

⑤ 香石竹的頂梢扦插繁殖。
⑥ 聖誕紅的單節扦插繁殖。

二、葉芽插

適用於熱帶灌木、闊葉常綠樹或草本花卉等觀賞植物，通常在營養生長旺盛時節進行扦插。葉芽插亦可視為單節的枝插，但葉對生之作物，則將單節的枝條縱剖成兩個繁殖體，而每一個扦插繁殖體都有一飽滿的腋芽、一片葉片以及部分莖的組織（圖6）。葉芽在原來枝條上生長的位置，會影響扦插以後的生長與發育。取自枝條底部的繁殖體，發根比較多，但發根所需時間較長，且長出的新側枝較長。而取自頂部的繁殖體，發根所需時間較短，但長出的新側枝較短，而且植株以後的分枝數少，且分枝的位置也較高。扦插繁殖體底部必需處理發根促進劑，扦插介質宜用等量泥炭土和真珠石混合成的保水力強、排水良好、又無病原菌的介質。扦插操作時，腋芽和葉身不可以埋介質中。

三、葉插

適用於葉片大而厚實，而且容易再生不定胚或不定芽等熱帶觀葉植物。扦插繁殖體可以是全葉片、全片的葉身或僅部分的葉身。供扦插繁殖的介質常用砂土、砂、或其他疏鬆的人工介質。有葉柄的葉插，例如非洲菫可將葉柄插入介質中（圖8）。無葉柄的葉插方法，例如秋海棠是先將葉脈切斷，傷口附近用針或介質固定，使傷口確實能接觸到介質並吸收水分（圖9）。扦插環境需要高相對溼度，因此技術上可用噴霧床或使用封閉容器。葉繁殖體扦插後，落地生根的葉片會從葉片邊緣的缺口長出不定胚（圖7）；非洲菫會從葉柄的切口長出不定芽（圖8）；而秋海棠的葉片會從葉脈的切口再生不定芽（圖9）。

⑦

⑧

⑨

⑦ 落地生根的葉片扦插，從葉緣再生的體胚芽。

⑧ 非洲菫的葉片扦插，從葉柄再生的不定芽。

⑨ 秋海棠葉片扦插，從葉脈傷口再生不定芽。

四、根插

　　凡是可以從根再生不定芽體的作物，都可以以根為繁殖體進行扦插繁殖。根插通常在多末到早春之間進行。此方法大多在作物移植時，利用遺留下來的根為繁殖體，才會利用根插繁殖方法。在種苗生產上此方法不是主要的方法。根插繁殖時，根的長度約 3~15 公分。由於根沒有芽體，不容易分辨根繁殖體的上下相對位置，扦插操作時要特別注意根的上下位置，以及病原菌感染的問題。

表 9-2　扦插繁殖摘要表

扦插材料	適用種類	適宜季節	適宜植物器官	枝條切口位置	材料長度	扦插方法	扦插介質	環境條件	特殊操作處理方法
已經落葉的成熟枝	落葉樹和大部分落葉灌木	晚秋↓早春	枝條中段	底部切口在節正下方，頂部切口在芽之上	10～75公分	底部處理發根促進劑後埋入溼潤的介質，到癒傷組織形成後再將枝條扦插	砂土	母株栽培於全日照下	枝條可在晚秋後採集冷藏，待早春扦插
有綠葉的成熟枝	常綠喬木或灌木	晚秋↓冬	前一生長季發育的成熟枝頂部	枝頂部下方10～20公分處	10～20公分	枝條下位葉去葉，並處理發根促進劑，去葉部分插入介質中	砂、或等量真珠石與泥炭土的混合介質	溫度 24～26℃，需高光度、高溼度	枝條帶少許老葉或將枝條底部割傷有助於發根
半木質化綠枝	木本闊葉常綠樹	夏天	半成熟的枝	底部切口在節正下方	10～15公分	僅留頂端 2~3 葉，葉可修剪，枝條底部處理發根促進劑，去葉部分插入介質中	等量真珠石與蛭石混合，或等量真珠石與泥炭土混合	高溼度	枝條含有足夠水分或將枝條置於冷水中，使田間熱降溫並吸水
草質莖	多肉植物和花卉作物	週年	強健枝梢只需部分成熟	基部切口在節正下方	7～12公分	同上處理，需注意葉不要接觸介質以免腐爛	同上	高溼度，低溫期加溫	同上，枝條降溫處理愈快愈好

（接續下表）

表 9-2　扦插繁殖摘要表（續）

扦插材料	適用種類	適宜季節	適宜植物器官	枝條切口位置	材料長度	扦插方法	扦插介質	環境條件	特殊操作處理方法
葉芽	熱帶灌木闊葉常綠樹或花卉作物	營養生長旺盛時	葉芽並帶少許莖	節	---	切口處理發根促進劑，芽切忌深埋入介質	等量真珠石與泥炭土混合	選擇發育良好的腋芽，高溼度，低溫期加溫	---
葉	熱帶觀葉植物	週年	葉、葉身或部分葉身	---	---	有葉柄者葉柄插入介質；無柄者，葉片向上且葉脈傷口用針固定	砂土、砂	高溼度，注意極性問題	技術上變化很大，可用噴霧設施，亦可用封閉的培養皿
根	能長吸芽的木本或藤本植物	冬末→早春	根	---	3－15公分越長越好	處理殺菌劑，根平置介質上，覆介質2~5公分	砂土、砂	高溼度，低溫期加溫	繁殖材料來自植物移植後多的根

CHAPTER 10

嫁接繁殖法

　　所謂嫁接技術是將二種不同種類的植物，接合成為一獨立完整植株。在接合體上方，發育成樹冠部分，稱為接穗；在接合體下方，發育成根系部分，稱為砧木，或稱為「根砧」；而整個接合體稱為嫁接苗。植物嫁接之接穗與砧木要結合一起，必需依賴新生成細胞的聯結才能結合，而植物組織除了莖的生長點與根的生長點外，只有形成層有再分裂新生細胞的能力。換句話說，嫁接繁殖之成敗決定於接穗與砧木之形成層是否有分裂新生的細胞，且來自砧木和接穗的新細胞否能結合一起。新生細胞結合越緊密，且能再分化新生輸導組織者，接穗與砧木間可以毫無阻礙地交換水分、養分等而營共同生活。若接穗與砧木的形成層沒有接合，不能再生新的維管束連結接穗與砧木的維管束，則嫁接苗在養分、水分的輸導發生障礙，造成嫁接的接穗不能成活，這種情形稱為嫁接不親和性。

第一節　嫁接繁殖技術之應用

　　嫁接繁殖技術常被應用於果樹類、果菜類蔬菜以及觀賞樹木類的種苗生產上，其利用之主要目的分述如下：

一、優良營養系之繁殖

　　園藝作物中有許多品種因遺傳質複雜，因此採用營養繁殖。然而有些營養系不易扦插活，而壓條、分株繁殖效率又低時，因此嫁接繁殖即成為主要繁殖方法，如大部分果樹品種即屬之。

二、為了利用砧木特殊的風土適應性或抗病（蟲）性

　　園藝作物品種選拔時，常著重於人類的喜好的產品，以致於有些品種的植株性狀，對栽培環境的適應性弱，或對病蟲害的抗性低，不容易栽培。利用具有優良的風土適應性或抗病（蟲）性的品種為砧木，將產量高品質好的品種嫁接在容易栽

培的砧木上，生產出優良的種苗。例如：茄果類蔬菜（例如番茄）、或瓜果類蔬菜（例如苦瓜）的嫁接苗生產。

三、果樹更新品種

許多果樹要能大量生產果實，植株需要有很大的樹冠。如果果樹更新品種，是從小樹苗培養起，要達到可以正常產果實，需要耗費很長的時間來培養樹冠。為了在更換果樹品種時，避免再次花費長時間栽培管理果樹，常將新品種果樹的接穗高接於原來的品種植株上。可以提早收穫新品種的果實。

四、植株的幼年性的調節

多年生作物的實生苗，植株在幼年期是不會開花的，必須等到植株進入成熟期，植株才具開花結果的能力。然而有些木本作物的幼年期長達十年以上，要評估雜交新個體的開花結果性狀，需花費很長的時間。利用嫁接技術將雜交新個體的枝條嫁接在成熟的植株上，可以提早看到雜交新個體的開花結果性狀，並進行評估選拔，以縮短育種的時間。

反之成熟的植株之再生能力差。若多年生作物擬改用扦插繁殖方法生產種苗，以成熟植株的枝條扦插，則枝條不容易發根，甚至於不發根。此時可以將成熟植株的枝條嫁接在具幼年性的砧木上，並重覆這種嫁接工作，原來成熟植株可以逐漸恢復具幼年性，利用已經具幼年性的枝條，可以很容易進行扦插繁殖。

五、改變植株的生長習性

大型果樹在栽培管理上，很不方便。利用矮性砧木使果樹矮化，在一般栽培管理，尤其是果實收穫時，方便許多。又觀賞樹木並沒有可以週年開花的喬木，然而卻有許多灌木可以週年開花，利用嫁接技術，將灌木的枝條高接在分枝少但枝幹強健的不同品種上，使嫁接的苗成為喬木狀，例如：樹型的玫瑰花、樹型的

朱槿（第 8 章圖 1）。又如聖誕紅的實生苗原來是喬木，植物體因爲感染菌質體（phytoplasma），菌質體可以促進植株的分枝性，使聖誕紅呈現比較有觀賞價值的灌木形態。換言之，在聖誕紅育種流程中，利用嫁接方法將聖誕紅品種植體中的菌質體轉植入（transmit）新的聖誕紅實生苗的植物體中，是不可缺少的步驟（第 8 章，圖 2）。另外在盆景作物中，也常利用嫁接技術完成特殊造型的盆景。

六、在亞熱帶生產溫帶果實

嫁接技術也可以利用於與種苗生產不相關的產業。例如：將已經花芽分化完成，並且已經打破休眠處理的溫帶果樹品種的枝條，高接在旺盛生長的植株上，嫁接成功後，接穗上的花芽馬上開花結果，果實產期可以比原來的溫帶果樹的果實產期提早。例如：臺灣的高接梨產業（第一章，圖 4），以及高接獼猴桃栽培都是利用嫁接技術完成的。

第二節　影響嫁接苗成活的因子

影響嫁接成活最主要的原因當然是嫁接技術，即在嫁接時，接穗與砧木的形成層必須緊密靠在一起。然而許多經驗豐富的技術人員，卻也偶而在嫁接時失敗，因爲有許多其他因素也會影響嫁接點之癒合。

一、接穗與砧木的親和性

兩種不同品種的作物，嫁接時可以將接合的傷口緊密癒合在一起而發育成強健的植株，可以稱這兩種品種之間具有嫁接親和性；反之若兩種品種嫁接後不能緊密的癒合，則稱兩品種不具嫁接親和性。一般而言，植物血緣越近者，相互之親和力越大，反之則親和力越小。因此，同一種內的品種，嫁接親和力較強，同屬內不同種的植物，嫁接親和力次之，同科內不同屬的植物，嫁接親和力較差。不同科之植物，嫁接在一起是不會成功的。

植物嫁接不親和性可分為三類，即局部性的、移動性的、以及由病毒所引起的等。局部性不親和的嫁接苗，嫁接點的結構脆弱，且形成層或維管束組織容易崩壞，致使運輸作用障礙，終至砧木因得不到樹冠部光合作用的養分而飢餓死亡。解決局部性不親和的問題，可以用對於砧木和接穗都具親和力的砧木為中間橋樑（中間砧），進行兩次嫁接，即可以解決不親和的問題。移動性不親和的嫁接苗，雖然接合點是癒合，但在部分輸導組織發生障礙，以致於接穗的同化產物不能順暢的運到根部，最後累積在嫁接連接點上，形成上部接穗的樹幹粗，下部砧木的樹幹細的植株，這種現象稱為「砧負現象」（圖1）。反之根發育旺盛而接穗發育緩慢，形成上部接穗的樹幹細，下部砧木的樹幹粗的植株，這種現象稱為「穗負現象」（圖2）。

① 小葉欖仁樹嫁接在大葉欖仁樹上，產生砧負現象。
② 檸檬樹嫁接後的穗負現象。

第三種是由病毒引起的嫁接不親和性，例如：甜橙對於病毒病的抗性比起酸桔對於病毒病的抗性強，因此雖然接穗含有病毒卻不發病，但當接穗嫁接到酸桔砧木時，由於砧木不具抗病性，因此酸桔砧木感染病毒後，植株立即死亡。

二、植物種類的特性

有些作物雖不易嫁接，但若嫁接成活的植株，不只癒合良好，且生長強健。此類作物不容易嫁接並非是不親和性造成。這種作物的嫁接需要有特殊的嫁接方法，才能得到較高的成活率。例如：核桃嫁接於波斯核桃砧木上時，「皮下嫁接」方法的效果比「劈接嫁接」方法好。

三、砧木的生長活性

嫁接方法中的皮下嫁接、或芽體嫁接，在操作上需要先剝開樹皮。而當砧木或接穗生長活性降低時，就不易剝皮且形成層之細胞分裂作用趨緩或停頓，因此傷口嫁接不易癒合。所以選擇繁殖材料時，可以以剝皮的難易判別植株的活性，不容易剝皮的砧木或接穗，都不宜進行前述的嫁接方法。

四、嫁接當時以及嫁接後的環境條件

每種作物形成癒傷組織所需的溫度環境各有不同，例如葡萄形成癒傷組織的適當溫度在 24~27℃，因此嫁接的適當溫度宜在此範圍。

癒傷組織是由許多的薄壁細胞所組成的組織，因此很容易因空氣太乾燥而乾枯。所以在嫁接傷口未癒合以前，利用各種方法以保持傷口附近高的相對溼度，有助於接合傷口之癒合。另外有些植物的枝條受傷後，傷口會流出大量的樹液，例如芒果、聖誕紅、或朱槿等。這類的植株進行嫁接前，作為砧木和接穗的植株，需停止澆水，以避免嫁接時枝條流出樹液影響操作的進行，甚至在嫁接後砧木也不能即刻給水，否則會造成嫁接傷口積水腐爛。通常這類植物嫁接後，看到接穗開始發芽，才能逐漸給水。

又細胞分裂旺盛的地方，伴隨著高呼吸作用，因此需要充足的氧氣供應。故在不影響水分散失的前提下，維持嫁接傷口處周邊有充足的氧氣，有助於傷口的癒合。例如葡萄利用舌接方法繁殖，嫁接傷口常不再塗抹嫁接臘，或其他會阻礙通氣之包紮物質，以促進癒傷組織儘速癒合傷口。

五、其他因子

諸如砧木或接穗選自健壯的母本，或者在嫁接的傷口以低濃度的生長素處理，也可以促進接穗與砧木間傷口的癒合。

 第三節　嫁接方法的種類

嫁接方法的種類很多，若以接穗或砧木之器官區分，可分爲靠接、枝條嫁接（簡稱枝接）、根嫁接（簡稱根接）、以及芽體嫁接（簡稱芽接）四種。靠接在嫁接前，接穗與砧木都是可獨立生存的植株，靠接成功後，當作接穗的植株，切除靠接位置以下的器官；而作爲砧木的植株，則切除靠接位置以上的器官。枝條嫁接在嫁接前，砧木是完整獨立的植株，而接穗僅是一段枝條。同樣，芽體嫁接在嫁接前，接穗僅是一個休眠芽體，而砧木是完整獨立的植株。而根嫁接在嫁接前，砧木爲一段根，接穗則爲一段枝條。茲將各種嫁接方法敘述於下：

一、靠接

在自然界，偶而會發現同一物種不同植株的樹冠交錯一起。當不同兩株樹的枝條碰在一起，因強風而相互磨破樹皮，裸露的形成層再生細胞，而將兩支不同來源的枝條接合在一起，稱爲「連理枝」。連理枝就是自然界嫁接的現象。人類模仿連理枝發生的過程，創造出最早的嫁接技術。這種嫁接方法就是靠接法。

靠接嫁接時，分別在接穗與砧木的枝條，削一個缺口，再將兩個傷口緊靠包紮，待傷口癒合後，將接穗植株從嫁接癒合點下剪開，而砧木部分則剪除嫁接點以上部分，即可得一株嫁接苗。靠接法雖然繁殖率低，但因可週年進行繁殖，且容易嫁接成活，因此常用於不易繁殖的樹種，如臺灣的番石榴果苗之嫁接繁殖（圖3）。

二、枝條嫁接

一般樹苗繁殖的枝條嫁接高度，離地表面約 10 公分，接在砧木的頂端。另有嫁接在樹幹側面者稱爲「腹接」，以及嫁接在成年樹的樹冠高處的枝條上者稱之爲「高接」。

若以嫁接時接穗與砧木傷口的形態而分，則又可分爲切接、舌接、鞍接、皮下接、割接、嵌接、橋接、以及拱形接等。茲將操作方法與個別之用途分述如下：

③ 番石榴的靠接示意圖。左下枝條的切口，是接穗植株原來的下半部剪除遺留下的傷口。

1. 切接

此方法爲枝條嫁接最常用之標準方法，適用於大部分果樹苗和觀賞樹木之繁殖，繁殖期在晚秋到翌年春天都可進行。一般砧木以種子繁殖或扦插繁殖，選擇 1~2 年生枝幹，直徑約在 1~2 公分左右者。先將砧木自地面約 10 公分處剪斷，選擇枝條平直之處，將剪斷傷口的邊緣削去少許，再從斷面稍帶木質部處，用切接刀（切接專用的刀具）垂直向下切開約 2~3 公分，使露出樹皮內部之形成層（圖 4）。

常綠樹的接穗，取自半年生到一年生成熟充實且腋芽發育飽滿的枝條，剪除枝條上葉片的葉身只保留葉柄，落葉樹則常於早春枝條尚未萌芽前，選取枝條中段長約 3~6 公分，且帶有 1~3 芽體的枝條，在接穗枝比較平滑處，用刀具從芽體下方向下削去樹皮，並帶部分的木質部。縱切長度約 2~3 公分（圖 5）。然後再從另一面將枝條底部斷面削成銳角（圖 6）。最後將接穗已露出之形成層靠接於砧木之形成層（圖 7），再以塑膠繩或帶黏性之塑膠帶緊縛。若砧木的枝條比接穗的枝條粗大時，接穗之形成層僅靠接於砧木切口一邊的形成層即可。爲了防止陽光直射以及水分從嫁接的傷口散失，嫁接包紮後，需再套上一層塑膠袋，然後再外覆報紙。近年來，有一種嫁接專用的蠟質帶，直接包紮嫁接傷口（圖 8），不只不必再套塑膠袋和報紙，接穗枝條成活後，從接穗長出的新梢，也可以直接穿出蠟質帶，簡化了許多嫁接的步驟。嫁接後約 3-4 星期，接穗的腋芽會發育成新梢，新梢伸長時，應迅

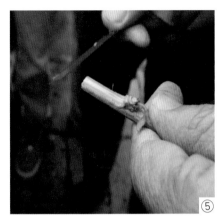

切接繁殖方法示意圖。

④ 砧木切開缺口。

⑤ 在接穗枝條腋芽下，將枝條側邊
削出一個平面缺口。

⑥ 在枝條平面缺口的另一側，削斜
面。

⑦ 砧木接穗接合，對齊形成層。

⑧ 嫁接傷口用嫁接專用的嫁接臘帶
包紮。

速去除塑膠袋及遮光報紙。而在一段時間後更應檢查嫁接處之包紮材料是否已完全脫落，以免包紮材料沒有脫落，變成另一種環狀剝皮，阻礙養分向下輸送，造成砧負現象。

2. 合接、舌接 以及鞍接

合接或舌接，適用於砧木直徑約在 1~2 公分的小植物之繁殖，尤其適用於接穗與砧木的直徑相近者。合接方法除了接口的形狀與舌接不同外，其餘的操作舌接也可以看成是合接的改良。所謂合接是將接穗枝條的底部端，以及砧木枝條的頂部端，先削成 2~3 公分的斜面，嫁接時將兩斜面接合一起，稱爲合接。但是因爲合接的傷口易滑動，造成原本接合的形成層位移而嫁接失敗，因此將合接的接口改良成雙斜面切口的接合方法，稱爲舌接。進行舌接時，先將接穗和砧木削好的斜面前端1/3 處，分別劈開 1/3 斜面的深度，使原來的斜面傷口各有一個缺口（圖 9、10）。接穗與砧木接合時，斜面的缺口相互交錯嵌入（圖 11），對齊砧木與接穗的形成層（圖 12），然後嫁接傷口用臘帶包紮（圖 13）。由於劈開斜面，因此嫁接接合的面積比較大，接穗與砧木的形成層接合的機率大，且木質有彈性，交錯的接口接合緊密，不太需要包紮，例如葡萄枝條的舌接，其切口僅用夾子夾住即可。

另外一種適於接穗和砧木枝條直徑相似的嫁接法爲鞍接。鞍接嫁接的接合傷口像一個馬鞍的曲面，而接穗或砧木的接口要削成曲面是很困難的。所以鞍接嫁接法的接穗底部或砧木頂端預先截平，再將切口利用機械分別打成一對包括有一個內陷的馬鞍形缺口和一個凸出的馬鞍。最後再將接穗內陷的馬鞍形缺口套合在砧木凸出的馬鞍上。此種嫁接通常需要在枝條成熟時才能進行，尤以枝條堅硬者爲佳。爲了增加繁殖操作的速度，因而有機械操作，將砧木打成圓形孔，接穗打成圓形榫頭，故又稱榫頭形嫁接。

舌接繁殖方法示意圖。

⑨ 砧木枝條上端向上削成斜面，並從斜面的 1/3 處向下縱剖。

⑩ 接穗枝條下端向下削成斜面，並從斜面的 1/3 處向上縱剖。

⑪ 砧木與接穗的斜面相疊，並撐開缺口。

⑫ 砧木接穗接合，對齊形成層。

⑬ 嫁接傷口用嫁接專用的嫁接臘帶包紮。

3. 割接、皮下接、以及嵌接

　　此三種嫁接法的特點為：(1) 大多在植物休眠期間進行，(2) 大多嫁接在已成年樹枝條的頂端（高接），(3) 接穗枝條的直徑都遠小於砧木枝條的直徑，(4) 砧木的木質都很硬實，不容易用刀將枝條切開切口。從文字之字義上可知，割枝嫁接（或稱劈枝嫁接），是用較厚的刀子將砧木樹幹或枝條割（劈）開後，再將接穗嵌入劈開的夾縫中；若砧木的直徑粗或木質硬，枝條不容易割開且樹皮容易剝離，可以直接將樹皮剝開，然後嵌入削好的接穗，但是接穗的接合位置要削得更薄（圖 14、15、16）。而嵌鑲接則是用開鑿刀將砧木的枝條開鑿成 V 字形凹槽，而將接穗較平的一邊削成 V 形凸出體，最後將二者接合一起（圖 17、18、19）。

割接繁殖方法示意圖。
⑭ 砧木枝條頂端剪平，再從中割（劈）開。
⑮ 接穗枝條下端向下削成 V 字形。
⑯ 接穗插入砧木割開的縫隙中，並對齊其中一邊的形成層。最後再包紮傷口。

皮下接繁殖方法示意圖。
⑰ 砧木枝條頂端剪平，再將樹皮剝開縫隙。
⑱ 接穗枝條下端向下削成 V 字形。
⑲ 接穗插入砧木剝開的縫隙中。最後再包紮傷口。

　　若嫁接位置不在砧木枝條頂端，而是在砧木枝條側邊時，這種嵌鑲接也稱為腹接（圖 20、21、22）。上述各種的嫁接方法在嫁接時，接合的方法與切接的方法一樣，砧木與接穗的形成層需接合在一起，且嫁接後同樣需要套袋與遮光措施，以防止光線太強燒傷接穗或使接穗過度失水。

腹接繁殖方法示意圖。
⑳ 砧木枝條的側邊，切出 V 字形缺口。
㉑ 接穗枝條下端向下削成 V 字形。
㉒ 接穗底部的 V 字形嵌入砧木切開的 V 字形缺口，並對齊其中一邊的形成層。最後再包紮傷口。

4. 橋接或拱門形嫁接

　　兩者都是修補治療植物創傷的嫁接法，與種苗生產無直接關係。橋接操作時，先將受害部位切除乾淨，再將接穗上下兩端呈 30° 斜切，最後將接穗以皮下接或用嵌鑲接方式嵌入砧木中。通常橋接都在生長季進行，接穗長度較傷口長度長 5~7 公分，因此接合後接穗會向外鼓起如拱橋，故稱為橋接。在大傷口修補時一次可接多枝的接穗。若植株受害是根部時，則修補的是砧木，於砧木上端嵌入受害植株。因嫁接後有如拱門，故稱為拱門嫁接。

三、根嫁接

　　根嫁接除了砧木是以根代替植株外，其他所有嫁接的操作方法都與枝條嫁接相同。由於根都不會有很粗的直徑，因此根嫁接多以切接、合接或舌接方法進行嫁接。嫁接的季節一般在秋、冬季進行。

四、芽體嫁接

芽體嫁接在臺灣少有人利用於種苗生產，但是在歐、美各國頗為流行。芽體嫁接主要有下列優點：1.操作簡單，繁殖效率很高；2.因為每接穗只含一個芽體，嫁接時可以節省接穗，適於接穗量少而欲大量繁殖時；3.芽體嫁接時，芽體是嫁接在砧木枝條側面，而非頂端，萬一嫁接失敗，可立即在其他部位重新嫁接，而且嫁接後僅需 10 日左右，即可以判別嫁接是否成功；4.芽體嫁接的接口癒合後比枝條嫁接的接口穩固，嫁接成活後接穗不易脫離。

芽體嫁接依接穗的形狀可分為：盾狀、片狀、環狀以及樺頭狀，前三者的芽體接穗僅有極少木質部或不帶木質部，因此嫁接的時節，以容易剝皮的季節為宜。又三者在嫁接操作上沒有顯著的差異，不必刻意去區分。而樺頭形接穗帶有較厚的木質部，其準備芽體接穗的方法，就如同在枝接中腹式嫁接所用接穗的準備方法，只是芽體接穗的枝條僅有一個芽體而已，因此嫁接的季節除了植物的生長期之外，也可以在休眠期。

芽體嫁接也有以砧木切口的形狀來分類芽體嫁接的方法，不過這也是毫無意義的。因為在嫁接時，尤其是種苗生產，所要求的是高成活率及高工作效率，而每個人的用刀手法各有不同，因此不必在乎芽體嫁接的切口是「T」字形、倒「T」字形、十字形或「H」字形。每位繁殖操作員只需選擇在操作上最順手，最有效率的方法即可，因此以下僅就差異性較大的盾形芽體接穗的「T」字形嫁接法，及樺頭狀芽體接穗嫁接法敘述之。

1. 盾形芽體接穗的「T」字形嫁接法

首先選擇充實枝條之中段部分，枝條上的葉片剪去葉片的葉身，但保留葉柄。選擇飽滿而為未發動的休眠芽體，並從芽體下方約 0.5 公分處切下，刀口深至木質部表面時，刀口以 90° 直角轉向，使刀口順著枝條往上推，待刀口到達芽體正下方（葉痕）位置時，刀背上提，刀口向下並橫向滑動，刀口過芽體後繼續向前平推，至芽體上方約 2.5 公分，取下芽體接穗。若接穗的芽體帶有太厚的木質組織時，可將木質組織挑除。正確的操作方法所取下的芽體，其內側可見到晶瑩發亮的兩

點，在下方者為葉片枝條的連接點，在上方者為腋芽與枝條的連接點，又稱為「芽根」。若芽體接穗內側的芽根脫落，則嫁接不能成活。

　　砧木枝條的直徑需在 0.7 公分以上，若砧木枝條太細，砧木枝條的表皮將包不住芽體接穗。一般以芽體嫁接方法繁殖種苗，嫁接的位置盡量接近莖基部，也就是越近地面越好。選擇砧木枝條的平坦的表面，縱橫各劃一刀，使成「T」字形，並從縱橫兩刀的交叉點剝開表皮，然後將芽體接穗塞入剝開表皮縫中，最後沿著「T」字橫向的刀縫，切除露出「T」字上多餘的接穗表皮部分，並緊縛傷口僅露出芽眼和葉柄，即完成所有操作（圖 23、24、25、26、27、28）。若砧木劃開的缺口呈倒「T」字，嫁接時芽體接穗則從缺口由下往上塞進樹皮內，此種嫁接的方法被稱為倒「T」字形芽接法。枝條會有乳汁的作物，宜用倒「T」字芽接的方法嫁接，以免乳汁影響操作甚至影響嫁接成活率。另外在樹型玫瑰花生產時，若樹幹

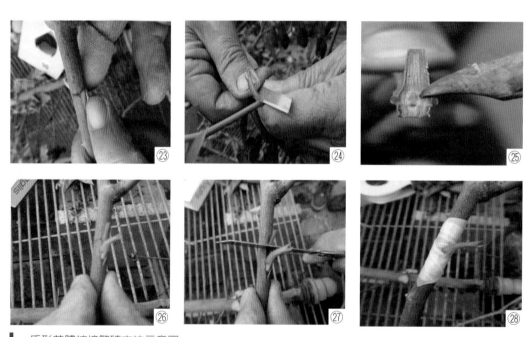

盾形芽體嫁接繁殖方法示意圖。
㉓ 在砧木枝條側腹劃開「T」形，並剝開樹皮。
㉔ 接穗剪除葉片留葉柄，再從腋芽的下方往上削下腋芽。
㉕ 芽體接穗的內側組織，需有完整的芽根（刀尖所指示）。
㉖ 將芽體插穗插入砧木的「T」開口。
㉗ 沿著「T」形上緣，切除接穗多餘的組織。
㉘ 嫁接傷口用嫁接專用的臘紙包紮，但葉柄留在臘紙外。

的直徑太細，很難在同一高度砧木的兩側芽接兩個接穗。此時可以在砧木枝條的兩側分別利用「T」字或倒「T」字芽接將兩個接穗接在同一高度（圖29）。

2. 樺頭形芽體嫁接法

接穗選自成熟的綠色枝條，並剪去葉片，或選擇充實的落葉枝條。嫁接時刀口從接穗芽體下方 1~1.5 公分處，往上斜削入枝條（約 30°角），次在芽上方朝向枝條中心，以 45° 斜角削下接穗的芽體。砧木嫁接位置接口的準備方法，與取接穗芽體的手法相同，切出像接穗芽體大小般的缺口。最後將接穗的芽體嵌合在砧木的缺口上，再綁緊固定，即完成所有操作。樺頭形芽體嫁接法類似於枝條嫁接方法中的腹接嫁接法。兩者的差異在於接穗芽體的數量，樺頭形芽體嫁接法的接穗只有一個芽體，腹接繁殖方法的接穗有多個芽體。

所有的芽體嫁接，嫁接後都不需再套上防止水分蒸散的塑膠袋或遮光用的報紙。

㉙ 利用「T」形（左）與倒「T」形（右）的芽接方法，生產樹型玫瑰花。
㉚ 石竹「巴陵紫雲」割接於「綠精靈」砧木上。

五、草質莖嫁接

雙子葉草本植物也可利用嫁接繁殖。多年生草本植物的嫁接，因為所使用的砧木並非實生苗，且嫁接位置較高，即砧木仍留有數片葉子。嫁接的接合方法則採用類似木本植物的割接法。草本植物的嫁接也和木本植物的枝條嫁接相同，嫁接後嫁接位置需再套塑膠袋或置於高溼度的環境下，以防止失水。草質莖嫁接通常 12 天後即可癒合（圖30）。

　　一年生草本的雙子葉作物，尤其是瓜類作物，例如苦瓜或無子西瓜；或者是茄科的作物，例如番茄。為了增加植株的抗病性，多選擇抗病性強的實生苗為砧木。這類一年生草本作物之嫁接方法，砧木植株常在發芽沒多久即進行嫁接。由於砧木的莖柔弱多汁，在操作上必須非常小心，以避免折斷。進行嫁接時，常在子葉下方的下胚軸以合接的方法嫁接。這種方法可以避免嫁接苗成活後仍有砧木芽的困擾。在臺灣瓜類作物種苗的嫁接方法，則是先去除砧木子葉以上的莖，然後從兩片的子葉中間割開下胚軸。接穗在種子苗的本葉未生長出前，剪斷下胚軸並將切口削成楔形，然後將楔形切口插入二片子葉割開的缺口，最後再用嫁接專用的小夾子夾住嫁接處。剛接好的嫁接苗，須放置在高溼度的環境，待嫁接傷口癒合後，再放回一般的栽培環境管理（圖 31）。也有以腹式嫁接瓜類作物。腹式嫁接的操作方法與割接的操作方法雷同，唯一不同點是砧木的嫁接缺口是從下胚軸的側腹切開（圖

31 瓜類作物之割接式嫁接方法示意圖。A：砧木去頂芽後從兩片子葉間割開；B：只有子葉的接穗將下胚軸削成楔形；C：將接穗與砧木接合；D：嫁接傷口用木製夾子夾緊。

32）。嫁接成活後需將砧木芽剪除。前述兩種嫁接方法都將在砧木的下胚軸接合，
因此嫁接苗日後都沒有再生砧木芽的問題。

③② 瓜類作物之腹接式嫁接方法示意圖。A：砧木去頂芽後從兩片子葉間割開；B：只有子葉
的接穗將下胚軸削成楔形；C：將接穗與砧木接合；D：嫁接傷口用木製夾子夾緊。

 ## 第四節　接插繁殖

　　傳統的嫁接繁殖方法，必須先培養砧木，然後在田間嫁接，工作非常辛苦。因
此在 1950 年代以後，有所謂接插繁殖技術之研發。即接穗先嫁接於砧木枝條上，
然後再進行扦插。這種繁殖法有下列優點：1. 不必預先培養砧木，因此生產成本
低。2. 可以在空調的室內進行嫁接操作，因此工作效率高。3. 若砧木僅取一段節
間，則可以免除日後有砧木芽的問題。4. 嫁接苗成活時，根系仍小，很適於盆栽作

物。5. 嫁接苗不會因砧木根系生長勢強,而引起不親和現象。6. 可利用這種方法,迅速篩檢接穗與砧木之間的親和性。

接插繁殖方法的操作,則是結合嫁接技術與半木質莖扦插的技術。在枝條嫁接常用的方法,有腹接、鞍接、割接、舌接、或嵌鑲接等方法,或芽體嫁接都可以利用。另一方面,在接插繁殖方法的操作中,則依實際狀況可以是接穗帶葉、砧木帶葉或是砧木和接穗都帶葉。接穗和砧木完全不帶葉的接插繁殖是不會成活的。接插繁殖過程中,也必需在噴霧加溼的環境下才能成活。以下以玫瑰花種苗生產為例,說明各種接插繁殖方法的演變。

在溫帶國家,早期玫瑰花的種苗生產,多用盾狀芽體接穗「T」字形嫁接方法繁殖種苗。這種種苗生產方法,必先養成砧木,而且在田間進行芽體嫁接的操作,不只受氣候的限制,不能週年生產,而且工作非常辛苦。於是在 1956 年,McFadden 用樺頭形芽接方法,將芽體嵌合嫁接在一支有 5 節、長度約 30-50 cm 的砧木上,砧木在嫁接位置以上的枝條留有三片葉片,嫁接點以下的葉片全部去除,然後再進行扦插繁殖(圖 33)。這種接插繁殖方法最大的問題是:接穗芽體受到芽體上方砧木的三片葉的頂端優勢作用的抑制,而不容易發芽。為了避免頂端優勢的抑制作用,McFadden 在 1963 將嫁接方法修正為用帶兩片葉的接穗枝條,鞍接在帶有兩片葉的砧木上(圖 34)。雖然解決了接穗芽體不發芽的問題,不過由於砧

㉝ 仿 McFadden(1956)之玫瑰花接插方法。樺頭形的芽穗,腹接在五節的砧木枝條,砧木留上位的三片葉。

㉞ 仿 McFadden(1963)之玫瑰花接插方法。二節帶葉片的接穗,鞍接在兩節帶葉片的砧木上。本圖用割接代替鞍接。

木上仍留有兩個腋芽，這種接插苗栽培後，會有從砧木長出枝條的困擾。

　　為了避免砧木發芽的問題，日本的大川教授在 1980 年又將接插方法修正為：去除砧木上所有的腋芽和葉片，接穗只留兩片葉，並且以舌接方法取代鞍接方法（圖 35）。另外在同一時期以色列玫瑰花種苗生產上，也曾有以一節帶葉枝條的接穗，腹接在帶一葉的砧木枝條上，然後再扦插的方法來繁殖玫瑰花（圖 36）而在同一年荷蘭的 Van de Pol 和 Breukelaar 在 1982 年更進一步的只用一節的接穗，割接或鞍接在一段砧木的節間上，一樣成功的繁殖玫瑰花苗（圖 37）。

　　鑒於芽體嫁接的操作比枝條嫁接簡單，而芽體嫁接的接合點也比枝條嫁接的接合點穩固。因此法國的 Meilland 曾嘗試利用芽體嫁接後再進行扦插的方法繁殖玫瑰花種苗，可惜成功率低。後來筆者在 1990 年用帶葉片芽體接穗，以「T」字形芽體嫁接方法嫁接（圖38），然後在設有噴霧設施的環境下扦插，成功生產玫瑰花種苗。

㉟ 仿 Ohkawa（1980）之玫瑰花接插方法。二節帶葉片的接穗，舌接在兩節不帶葉片的砧木上。

㊱ 仿 Grueber & Hanan（1980）之玫瑰花接插方法。一節帶葉片的接穗，腹接在一節帶葉片的砧木上。

㊲ 仿 Van de Pol & Breukelaar（1982）之玫瑰花接插方法。一節帶葉片的接穗，割接在僅一段節間長度的砧木上。

㊳ 仿作者（1990）之玫瑰花接插方法。一節帶葉片的芽穗，芽接在僅一段節間長度的砧木上。

CHAPTER 11

植物根莖葉的變態及
其在繁殖上的應用

根、莖、葉是植物的營養器官，也是作物無性繁殖的主要材料。多年生草本植物若原生在一年環境中有明顯的乾旱或酷寒的季節，根、莖、葉營養器官會逐漸演化成在地表下生長的肥大貯藏器官，並緩慢生長或進入休眠，以度過惡劣生長環境的季節，才能延續物種的生命。由於原來根、莖、葉的形態已經分別變態成各種不同構造的形態，因此植物的營養繁殖方法，以及變態器官的貯藏方法也各有不同。

第一節　根的變態及其繁殖方法

植物的根沒有節，也沒有芽體；根的表皮也沒有特殊防止水分散失的組織，因此根裸露在空氣中很容易失水。塊根是根直接肥大的器官，塊根的性狀，除了比較粗大以外其餘性狀與正常的根毫無差別。既然塊根容易失水，貯藏塊根就必須貯藏在略微溼潤的介質中，例如等重量的眞珠石與水混合而成，是塊根、根莖、或鱗片鱗莖常用的保溼介質。

塊根上沒有芽體，所以除非塊根的再生能力很強，例如番薯的塊根很容易再生芽體（圖1），否則將塊根直接分割當作繁殖體，是無法再生芽體。因此用塊根為繁殖體的作物，例如：大理花（圖2）、袖珍牡丹，分割時需帶有莖的組織，並且防止分割的傷口腐爛。

① 番薯的塊根及其再生的不定芽體。
② 大理花的塊根不會再生不定芽體。

第二節　莖的變態及其繁殖方法

一、莖在地面上的變態

植物的莖在地面上的變態有：刺、假球莖（pseudobulb）、匍匐莖也稱為走莖（runner），或稱為走蔓。刺是由枝條萎縮後的變形，刺上沒有芽體也沒有葉片，不能做為繁殖體。例如李子或樹的刺。假球莖是蘭科植物特殊的貯藏器官，它是由一個或數個節肥大而成肉質的莖。在生長季中，從假球莖基底部的腋芽或從水平生長的根莖的頂芽或腋芽向上生長，形成假球莖，花梗則從假球莖的頂芽（例如嘉德利蘭），或假球莖的腋芽（例如一葉蘭、文心蘭、蕙蘭等）形成。蘭科植物的假球莖，大多不能作為繁殖體直接分割。蘭科植物的分割繁殖，假球莖由上一代的腋芽發育者，可以直接分離假球莖（圖 3）；假球莖由根莖發育者，分割的位置在根

③ 小花蕙蘭新芽和花梗皆是從假球莖的基部腋芽發育。

莖，而非分割假球莖。但也有利用假球莖作為扦插繁殖體的例子，如石斛蘭等。

匍匐莖的形態類似是植物從葉腋發育的花梗，細長形、沒有節也沒有葉。而且匍匐莖的頂芽不進行生殖生長反而進行營養生長；即匍匐莖的頂芽會發育成葉芽（shoot）。新的葉芽在栽培環境溼，或者因為葉芽長大而使匍匐莖的葉芽彎曲下垂到地面，葉芽的基部會發育新的根，成為新的植株。從新植株的葉腋有發育新的匍匐莖。例如草莓，繁殖時可以直接將匍匐生長的莖分離或分割，發根的葉芽就是新繁殖的種苗。

二、莖在地面下的變態

植物的莖在地面下的變態有：地下匍匐莖（stolon）、根莖（rhizome）、球莖（corm）、以及塊莖（tuber）。茲將各種變態莖的特性分述於下：

1. 地下匍匐莖：地下匍匐莖的構造，與地上匍匐莖相仿，沒有節也很少分叉，但是地下匍匐莖的形態是肥大的器官，而且只在匍匐莖的前端有休眠的芽，例如嘉蘭（*Gloriosa*）的貯藏器官（圖4）。但也有些作物的地下匍匐莖不會肥大，反而是前端的芽眼會再肥大形成不同構造的器官；例如龜背芋形成的木子（cormel）、或鬱金香形成的零餘子（dropper）、以及馬鈴薯形成的塊莖（tuber）。

2. 根莖：生長在地面下，形態類似地面上的莖，只是根莖在地下橫向生長，根莖無葉但有很多節。節有腋芽，節位周邊的莖組織也會往下生根。根莖的腋芽發芽後，伸出地面的莖，其實是由葉鞘層層環繞形成的假莖（culm）。

根莖的種類分為厚實型（pachymorph）、細條型（leptomorph）、以及形態介於前兩者之間的中間型（mesomorph）三種。厚實型的根莖，形態粗短，有許多團塊狀的分枝，例如薑的根莖（圖5）。腋芽生長伸出地面的器官稱為假莖。當假莖的葉片生長到固定的數量後會在頂端開花。這種生長形態稱為有限型（determinate）生長。根莖的頂芽開花後，只能從根莖的腋芽，發芽變成新分枝

④ 嘉蘭肥大的地下匍匐莖。只有在地下匍匐莖的頂端有芽體。
⑤ 薑厚實型的根莖。

的頂芽，繼續生長，而根則是從水平生長的根莖上的節的下半部長出來。細條型根莖例如魚尾蕨的根莖（圖 6），根莖細條型粗細均勻，生長型態為無限型生長（indeterminate）。即植株莖的頂端生長點則一直在維持營養生長狀態。根莖的腋芽大部分呈休眠狀態，因此分枝不多，但因根莖的節間比較長，因此根莖分佈的範圍比較廣。而根莖的型態介於厚實型與細條型之間者，稱為中間型根莖，例如虎尾蘭的根莖（圖 7）。無論何種型態的根莖，都是用分割繁殖法繁殖種苗。

⑥

⑦

⑥ 魚尾蕨無限型的根莖。根莖生長點不會停止生長，葉片從腋芽生長。
⑦ 管葉虎尾蘭的中間型根莖。

3. 球莖：球莖是植株的莖底部肥大而形成的，並且緊緊的被包在像葉片的乾鱗片內，以避免受傷或失水。例如唐菖蒲的球莖是一個結實的球形莖，莖節非常明顯，每一個環形的節有一個明顯的腋芽，而且也是被包在乾鱗片內，因此球莖是可以乾燥貯藏的（圖 8）。通常一個球莖只有頂芽會發芽，新梢發育到五片葉時，莖底部開始肥大形成新的球莖。當球莖栽培於日長比較短的環境時，有利於新球莖的發育；當球莖栽培於

⑧

⑧ 唐菖蒲的球莖和木子。

長日環境時，則抑制新球莖的發育。而地上部發育良好的植株，才能形成比較大的新球莖。原來的球莖底部發育的根是纖維質的根，而在新球莖的底部也就是新球莖與老球莖之間會形成許多小球莖（cormel），其外層也是包著乾燥的鱗片，因外形像小木塊，小球莖又稱為木子。另外從新球的底部也會發育肉質的伸縮莖（contractile）。伸縮莖的構造與地下匍匐莖的構造雷同，地下匍匐莖的表皮光滑呈水平生長，但伸縮莖在地表溫度變化大時，伸縮莖會往下生長到溫度比較穩定的土層，然後木子長在莖的末端。因為往下生長的阻力比較大，所以伸縮莖的表皮常有皺紋。

　　球莖植物的地上部乾枯後，可以將植株掘起，置於氣溫 32℃-35℃、相對溼度 80-85% 的通風處乾燥處理，將有助於新種球與舊的種球、以及木子分離。大球莖也可以用分割繁殖，但因分割的傷口很大，容易腐爛，很少利用分割繁殖。球莖大小以球莖的直徑分級，例如唐菖蒲的球莖可分為 7 級，1/2 英吋以下為最小的球莖，2 英吋以上為最大的球莖。會開花的球莖，至少是 3 級以上的球莖（直徑約 3 cm 以上）。分離的球莖或木子，先用 57℃ 的熱水浸種 30 分鐘，迅速冷卻風乾，然後貯藏在通風良好的 5℃ 環境。種球的頂芽開始發芽時即可種植。種植的深度，為球莖厚度的兩倍。

　　4. 塊莖：塊莖也是生長在地表下的莖所肥大貯藏器官。最具代表性的是馬鈴薯的塊莖（圖 9）。先由地上莖的基部腋芽，水平長出地下匍匐莖（stolon），匍匐莖的頂端的生長點再肥大形成塊莖。塊莖上的芽眼（eyes），等同一般莖的節。每一個芽眼包括有一道圓弧形的葉痕（leaf scar）和一個（或多個）的芽體。芽眼在塊莖上呈螺旋種排列，頂芽則在塊莖的最前端。

⑨

⑨ 馬鈴薯的塊莖。

　　塊莖繁殖的方法以分割繁殖方法為主，但少數植物的莖節會長出小塊莖（tubercle），也可以作為繁殖體。馬鈴薯的塊莖分割繁殖時，每一塊分割後的種球之重量，約 28-56 公克。分割後的馬鈴薯貯藏於溫度 20℃、相對溼度 90% 的環

境 2-3 天，待分割的傷口木栓化（suberized）後才種植，以避免分割後的繁殖體腐
爛。生產者也將前述繁殖體稱爲「種薯」（seed potatoes）。

5. 地下走莖與球莖的綜合型的球根：

彩色海芋的球根構造究竟屬於前述球根種類的那一類，眾說紛紜。有認爲彩
色海芋的球根是屬於球莖者；也有認爲是屬於地下莖者。但是觀察彩色海芋球根
的下半部，很明顯的是屬於表皮光滑的地下匍匐莖的構造（圖 10 左圖）；而從球
根的上半部觀察是屬於球莖的構造（圖 10 右圖）。另外觀察彩色海芋的種球長出
子球之生長模式，則類似球莖長出木子的模式。因此在分割彩色海芋的種球爲繁殖
體時，必須從子球與母球連結處的地下匍匐莖分割，不能直接分割上半部球莖的構
造。

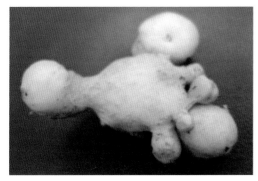

⑩ 彩色海芋的球根，是地下走莖狀與球莖結合的構造（stolon-corm）。球根的下半部，是地下
　走莖的構造（左圖）；球根的上半部是球莖的構造（右圖）。

 ## 第三節　葉的變態及其繁殖方法

鱗莖類植物的鱗莖，從字面上看像是屬於莖的變態器官，事實上鱗莖肥大的
鱗片組織是由葉片基部肥大而成，真正的莖組織反而短縮成基盤（basal plate）。
鱗莖依其構造可分爲層狀鱗莖（laminate bulb）和鱗片鱗莖（scaly bulb）；前者的
鱗片以同心軸的方式層層相重疊著生在基盤上，且最外層的鱗片會乾燥成薄膜狀，

因此層狀鱗莖又稱為有皮鱗莖（tunicate bulb），例如洋蔥的鱗莖（圖 11 左）。片狀鱗莖的鱗片則是以螺旋排列由內而外生長在基盤上，但每一片鱗片外層沒有乾燥的薄膜，因此又被稱為無皮鱗莖（non-tunicate bulb），例如百合的鱗莖（圖 11 右）。而大蒜的鱗莖構造則介於前述兩種鱗莖構造，具有類似百合鱗片的生長排列，繁殖方法類似百合的繁殖方法。但大蒜每片鱗片外層都有乾燥的

⑪ 洋蔥的層狀鱗莖（左）；百合的片狀鱗莖（右）；以及大蒜的中間型鱗莖（中）。

薄膜，因此鱗莖貯藏類似洋蔥，可以乾燥貯藏。

　　鱗莖類植物在栽培期間若遭遇乾旱或高溫逆境，鱗莖的底部會長出地下匍匐莖，地下匍匐莖向下生長，最後其生長點會形成小鱗莖，此小鱗莖被稱為「零餘子」（dropper），例如鬱金香的零餘子。百合鱗莖的底部會長出伸縮根在栽培期間若遭遇逆境，伸縮根會將鱗莖往下拉，以避免鱗莖受傷害。由於無皮鱗莖沒有乾皮保護，很容易失水，因此長期貯藏，需貯藏於潮溼的介質。

　　鱗莖會自然分生子球（offsets），基盤上也會長小鱗莖（bulblets）。有些鱗莖類植物的腋芽處，或在花梗頂端花朵脫落後的總花托，在也會長小鱗莖，此小鱗莖又稱為「珠芽」（bulbils）（第 8 章圖 4），例如百合。但如果小鱗莖增殖的數量不夠多，還有許多下列的繁殖方法可以增加鱗莖的生產。其中第 2 項到第 5 項繁殖方法適用於層狀鱗莖的繁殖，而第 6 項繁殖方法適用於鱗片鱗莖的繁殖，茲將各種方法分別說明於下：

　　1. 葉插繁殖：有些葉片比較厚的作物，葉片扦插可以再生小鱗莖，例如火球花（*Haemanthus*）、葡萄風信子（*Muscari*）、以及風信子。

　　2. 切割基盤（scoring）：種植前將鱗莖底部朝上，用鋒利的小刀從中心點往下，深度超過底盤的厚度，破壞莖的生長點（圖 12）。然後將鱗莖置於通風乾燥處風乾，待傷口癒合後即可種植。鱗莖栽培後基盤的切口會形成許多小鱗莖。

　　3. 去除基盤（scooping）：用彎刀或其他刀具挖除鱗莖的基盤（圖 13），待

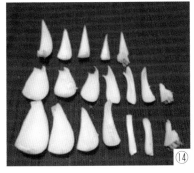
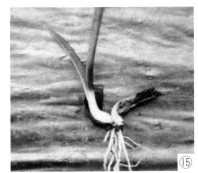

⑫ 鱗莖切割基盤方法示意圖。
⑬ 鱗莖去除基盤方法示意圖。
⑭ 鱗莖的雙鱗片繁殖分切方法示意圖。
⑮ 孤挺花的雙鱗片繁殖，在兩鱗片之間形成小鱗莖。

傷口癒合再種植。鱗莖栽培後鱗片的基部切口會形成許多小鱗莖。

4. 分切鱗莖（bulb-cutting）：直接將鱗莖分切成數等分，每一等分的鱗莖都帶有部分基盤，待傷口癒合後種植。

5. 雙鱗片扦插（twin-scaling）：將前項分切好的鱗莖，每兩片鱗片為一組，從鱗莖分離，但雙鱗片繁殖體仍帶有基盤的組織（圖 14）。然後雙鱗片繁殖體與溼潤的介質混合，再培養於 21 ℃ 的環境，約四星期後雙鱗片繁殖體的基盤邊緣會形成小鱗莖（圖 15）。

6. 鱗片扦插（scaling cottage）：剝下鱗莖外層成熟的鱗片，然後將鱗片繁殖體與溼潤的介質混合，再培養於 21 ℃ 的環境，約四星期後鱗片的基部會形成小鱗莖（圖 15）。帶小鱗莖的鱗片繁殖體種植後，繁殖體的生長模式有：休眠不生長；

或地下型生長（hypogeous-type），此型的生長只是從鱗片長出葉片；或地上型生長（epigeous-type），此型的生長是從小鱗莖抽出地上莖。地下型生長的繁殖體繼續栽培，繁殖體會有兩型態的生長模式；一種是維持原來的地下型生長模式，另一種生長模式是小鱗莖除了原有的葉片外，也會再抽出地上莖。這種生長模式被稱為「地下地上生長型」（hypo-epigeous type）。

　　7. 鱗片培養：將鱗片表面消毒後切成小塊，然後進行無菌培養。培植體會形成小鱗莖或植株。（詳細方法參考第十三、十四章）

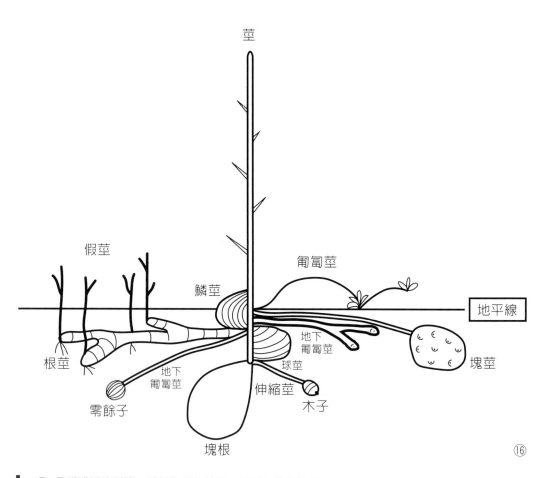

⑯

▊　⑯　各種球根的形態、球根生長的位置、及球根芽的位置。

第四節　鱗莖開花球的養成

　　球根植物必需培養到種球具有開花能力才有商品價值。大部分的球根植物的小球根，只要栽培在適當的環境下，就可以養成具開花能力的種球。但是有些鱗莖類的球根，例如中國水仙花，由於容易分生子球，因此很難養成碩大的開花球。在中國福建省漳州地區是水仙花球根的產地。此地區所生產的頂級水仙花開花球，大小如雙拳合抱，每一個種球可抽 12 支花序，每支花序有 12 朵花。能夠培養這種種球，所憑藉著的是「水仙閹割技術」。所謂「水仙閹割技術」是在水仙花種球種植前，先用彎刀從鱗莖底部的兩側向中心挖除鱗莖內側芽，由於每一個鱗莖最後只留下中心的芽體，因此種球栽培後鱗莖只形成一個較大的鱗莖，沒有其他子球。種球連續經過兩次「水仙閹割技術」的培養後，就可以養成高品質的水仙花開花球。中國的水仙閹割技術操作技術難度高，而且閹割所造成的傷口很大，鱗莖容易從閹割的傷口感染病害。因此筆者改良了閹割技術的操作方法，茲將操作方法敘述如下：水仙花鱗莖的頂芽和腋芽長在同一軸線上，頂芽長出的扁平葉片的扁平面，與頂芽和腋芽長的在生長軸線是垂直的，此軸線也是下一代子球生長的位置（圖 17 左圖）。操作閹割技術的工具為寬約 1 cm 的平頭小刀。閹割時，從鱗莖基盤的兩側邊緣沿著芽體生長的軸線，刀口以 20°-30° 的仰角，分別沿著基盤的表面切入種球。由於鱗片的組織比較鬆軟，基盤的組織比較結實。因此判別刀子切入種球時，是否有沿著基盤的表面切入，需要憑刀子刺入鱗莖的阻力來判斷，同時修正刀子切入種球的角度。至於刀子切入種球的深度，分別等於鱗莖基盤底部兩側與前述軸線的交點到鱗莖中心頂芽新葉內側的頂端到鱗莖基盤底部垂直線的交點的距離。這樣的操作方法不只可以完全去除鱗莖基盤上的腋芽，又不會傷害到鱗莖中心的頂芽，而且鱗莖的傷口也很小，傷口容易癒合。鱗莖經閹割後兩星期可以種植。栽培六 - 七個月後，若除腋芽的技術成功，則新一代的鱗莖只會形成一個大鱗莖（圖 17 右圖）。重複兩年閹割培養後，就可以養成品質優良的水仙花種球。

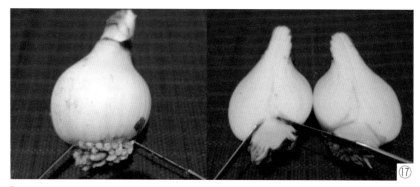

⑰ 水仙花鱗莖閹割方法示意圖。圖左：刀口刺入方向與扁平葉垂直。圖右：剖開鱗莖會發現鱗莖基盤上的腋芽已經被切開，整個基盤上只留下中心的芽。

表 11-1　各種球根之貯藏器官、特徵、貯藏方式以及繁殖方法

球根種類	塊根	大理花	根	根肥大	溼貯藏	被分割的根繁殖體需帶部分莖的組織
作物	地下匍匐莖	嘉蘭	莖	地下匍匐莖不分節，只在莖頂端可見芽眼，極少分枝。	溼貯藏	被分割的地下匍匐莖，莖帶有芽眼
肥大器官	根（地下）莖	薑	莖	地下莖肥大，節明顯，有芽眼。	溼貯藏	分割地下莖，傷口防腐後種植。
特徵	塊莖	馬鈴薯	莖	莖部肥大呈不定形塊狀。塊莖上有節和芽眼。	乾貯藏（時間短）	將塊根切塊，傷口塗殺菌劑或癒傷處理
貯藏方式	球莖	唐菖蒲	莖	扁球形的莖，有明顯的節。節固定位置有突出的芽體，芽體包在不透水的鱗片內。	乾貯藏	木子、子球分離，冷藏打破休眠後種植
繁殖器官及方法	鱗莖	無皮	百合	葉（基部）	莖變成基盤，肥大的鱗片生於基盤，由下（外）而上（內）重疊，無乾燥外皮。	溼貯藏	1. 分球、分離珠芽 2. 鱗片剝離，浸 NAA 1000 ppm 後風乾，與溼潤介質混合貯藏於塑膠袋中，於基部切口形成小鱗莖
		有皮	洋蔥	葉（基部）	莖變成基盤，葉片基部肥大，生長於基盤上，由內而外，最外層鱗片乾枯成薄膜。	乾貯藏	1. 分球 2. 雙鱗片繁殖。 3. 切割基盤。 4. 切除基盤。

CHAPTER 12

植物組織培養

第一節　植物組織培養的歷史

在二十世紀以前，所有的農作物皆由種子播種，或以植物器官進行無性繁殖並在土壤上培養成作物的新個體。二十世紀初期，Hännig（1904）將許多十字花科植物從種子分離出的未成熟胚芽（embryo），培養在玻璃容器中，養成許多新的植株。接著在 1922 年，Kundson 將蘭花種子播種在人工培養基上。之後陸續有許多植物組織或器官相繼被人工培養成功。但直到 1945 年，才將各種無菌培養統稱爲植物組織培養（plant tissue culture），並且將其定義爲「在無菌的環境下，以植物所需求的養分製成培養基（medium），所培養的植物體統稱爲培植體（explant）」。事實上被培養的培植體並不限於植物組織，培植體的種類包括：具根、莖、葉的完整植株、種子、胚芽、器官、組織、細胞，甚至沒有細胞壁的原生質體都可當作培植體。由於組織培養皆在無菌的容器內培養，而早期的培養容器多爲玻璃製品，因此組織培養也被稱爲在玻璃容器內（in vitro）的培養。現代的植物組織培養容器，雖然玻璃製品已經被塑膠製品取代，但是組織培養的簡稱仍沿用 in vitro，中文則簡稱爲「器內培養」。植物組織培養方法可以被利用來繁殖作物。在容器內繁殖作物，由於容器的空間很小，所以培養的植物體都很小，因此以繁殖作物爲目的的組織培養方法也被稱爲「微體繁殖」（micro-propagation）。微體繁殖方法的操作，包括有類似前述的有性繁殖的播種和無性繁殖，例如分株、壓條、扦插、嫁接，以及由細胞、組織或器官直接或間接再生長出胚芽；這種由體細胞發育成的胚芽稱爲體胚芽（somatic embryo）或無性胚芽（asexual embryo）。體胚芽如同植物的有性胚芽，可以繼續發育成一完整的植物個體。因此，微體繁殖方法也可以視爲是「在人工無菌的控制環境下的作物繁殖方法」。

繼 1955 年發現具有促進細胞分裂的植物生長調節劑激動素（kinetin）後，Skoog 和 Miller（1957）又發現植物營養器官的生長（植物根與莖的生長），是由植物體內所含細胞分裂素與生長素含量的比值所控制。當細胞分裂素含量較高時，植物的發育趨向莖的生長，反之當生長素的含量較高時，則趨向根的生長。自從前述的生理現象被發現之後，植物的細胞培養、組織培養、或器官培養，皆很容易按照培養的目的控制培植體發育的趨向。

早期組織培養的培養基，會因培養的植物種類不同而有不同的配方。對於商業生產而言，多樣化的配方並不利於降低生產成本。因此 Murashige 和 Skoog（1962）利用菸草莖的髓部再分化成的癒傷組織進行培養，開發出適用於多種作物培養的單一配方，此配方簡稱為 MS 配方。從此組織培養技術有很大的進步，並在農作物種苗生產上有蓬勃的發展。接著在 1970 年代，組織培養技術被大量應用於農作物的繁殖，成為大宗種苗生產所不可或缺的繁殖方法，尤其是無性繁殖的健康種苗之生產。雖然 MS 配方適用於多種作物，但是對於培養的喬木大多數物種仍不適用。直到 1980 年，Lloyd 和 McCown 開發了培養木本植物的通用配方（Woody Plant Medium; 簡稱 WPM），喬木類作物的組織培養，才有大幅的發展。

第二節　植物組織培養的設備與培養環境

植物組織培養是在無菌狀態的人工環境下，利用人工培養基培養植物培植體，因此進行植物組織培養的設備與一般繁殖場的設備不同。組織培養的設備主要有：1. 配製培養基的設備：設備與一般化學實驗室相似，重要的儀器有貯存藥品的冰箱、純水（或 RO 水）製造器（圖 1）、秤重的天秤、微量天秤，調整酸鹼值時用的酸鹼度計，配製培養基需要的融解洋菜的加熱攪拌器、或微波爐，以及將培養基滅菌用的高壓滅菌鍋爐（圖 2）。2. 進行接種植物無菌操作的操作臺（laminar air-flow cabinet）（圖 3）；這是一個箱型空間的操作平臺，空氣由機臺的上面或由下側面抽風經過超微細過濾網，送出無菌的空氣，形成一個正氣壓的無菌空間，所有無菌操作均在此空間進行。操作臺上配置有切割用的刀具、鑷子、放工具的刀架，和滅菌

① RO 水製造機。
② 高壓滅菌鍋。

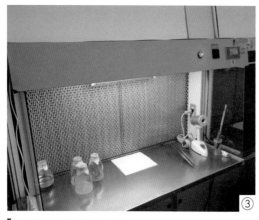
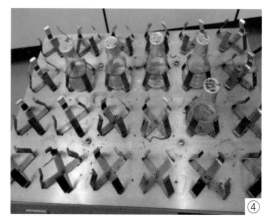

③ 無菌操作臺，桌面中央是無菌操作的紙面，右側有紅外線滅菌器、工具，左側有培養材料等。
④ 癒傷組織或細胞培養用的水平震盪器。

用的燈火或紅外線滅菌器。3. 培養室：培養室內有擺置培養容器的床架，以及液體培養用的水平震盪器等（圖4）。又培養室爲無菌培養作物的空間，依照作物培養的需求，培養室必須可以調控溫度、光強度、光週期以及氣體濃度等，以提供應培植體最佳生長環境。茲將培養室的環控條件分別敘述如下：

一、溫度

培植體在容器內生長的適當溫度，大致比該植物在自然界生長的適當溫度高3-4℃。但容器內的溫度，由於有溫室效應，通常也比培養室的溫度高約3-4℃，所以培養室的設定的溫度，通常以植物在自然界生長的適當溫度，爲培養室的室溫。亦即一般培養室的室溫設定在24-26℃範圍，但少數培養熱帶作物時，培養溫度可設定在27-29℃。以臺灣的氣候環境，培養室都只需要有降溫設備，而不需再增設加溫設備。雖然多季室溫偶會低於20℃，然而照明設備產生的輻射能，足以將培養室溫維持在20℃以上。降溫設備的電力供應，必須與照明的電力供應連結。當降溫設備不能工作時 照明設備也必須停止運作。否則培養瓶內的溫度，因照明產生的溫室效應所增加的溫度，將造成培植體死亡。

二、光照

　　組織培養的作物並非自營生長，即不是依賴光合作用所固定的能源維持生長。培養的光照主要影響培植體的生長與分化和培養基糖成分的轉運，與光合作用關係不大。一般培養室大多採用冷白色日光燈為光源（圖5）。在初代培養時，剛培養的培植體，常需培養在暗環境或在低光照（800 lux 或 10 μmole/m²/sec）環境下。而增殖培養時，培養的照度則以 1000-3000 lux 的光照強度為宜。培養的小苗準備移出瓶外之前，則常將培養容器移置 3000-10000 lux 強光照下二星期，以強化容器內小苗，在移出容器外培養時所遭遇強光逆境之適應能力，提高小苗移出容器外培養之成活率。至於每天的光照時數為 10-16 時，但要避免培植體因光週期反應，造成培養的植株開花，而影響培植體的繁殖率，因此培養的光照時數應依照作物的需求以計時的自動開關控制培養室的照明時間。又日光燈的變壓器工作時會發熱，因此設計培養室的光源供應時建議將變壓器移出培養室外通風處（圖6）。

⑤ 無菌培養室的光源大多以日光燈為光源，因應培養的需求，提供的光強度約為 800-3000 lux (10-40 μmole/m²/sec)。

⑥ 無菌培養室的光源控制面板，日光燈的變壓器工作時會發熱，因此移出培養室外通風處。變壓器的上方是自動開關計時器，控制培養室的照明時間。

三、氣體環境

　　大氣環境包括培養室以及培養容器內的相對溼度、氧氣、二氧化碳以及乙烯或其他揮發性氣體的濃度。由於培養容器很少是絕對密封的容器，因此培養室的氣體環境會影響培養容器內的氣體環境。培養室的相對溼度較高，有助於微生物的繁衍，不利環境中微生物族群的控制。換言之，培養室的相對溼度高，會增加無菌培養被汙染的風險。臺灣平均氣溫高，培養室都裝設冷氣降溫，冷氣降溫同時有降溼的作用。但在梅雨季節期間氣溫不高又常連日下雨，若培養室相對溼度過高，常導致大量培養被汙染的問題，必要時得裝設除溼機降低培養室的相對溼度。

　　無菌培養要保持無菌狀態，培養容器多用蓋子、棉花塞、橡皮塞、或雙層的鋁箔進行不同程度的封閉隔離，以隔絕外界微生物之侵入。因此容器封閉性會影響容器內外的氣體交換速率和相對溼度。若容器內的相對溼度較高，會使容器內植物體之蒸散作用降低，因而影響到無機鹽類之吸收，也影響到再生培植體的構造與生理作用，而形成玻璃質化（vitrification）的種苗。當在高溼度環境下培養的培植體，從容器內移到外界環境時，由於氣孔閉合的功能對環境變化的反應遲鈍，加上葉片角質發育不完整，致使小苗迅速脫水而死。另一方面，由於半封閉的容器氣體交換速率慢，加上培養環境的光強度不足以進行光合作用，呼吸作用代謝產生的二氧化碳逐漸累積在容器中，以致於培植體不能正常行光合作用、呼吸作用，最後乃至於影響到培植體的生長與發育。

　　植物的蒸散作用（evaporation）是根從土壤環境中吸收無機養分的主要動力。若培養容器內的相對溼度高，培植體的蒸散作用率低，培植體由培養基環境吸收的養分就少，培植體的生長會緩慢下來。因此近年來在培養容器上的改良，都趨向於增加培養容器的通氣性，以降低容器內相對溼度，並促進容器內氣體交換之速率。若容器內還有乙烯等氣體的累積，常引起培養的作物黃葉老化（例如蝴蝶蘭）（圖7），甚至落葉（例如番木瓜）等，都不利於作物小苗的培養。乙烯的累積都是培養的作物生合成的，例如番木瓜是因為內生生長素過量引起合成乙烯，而有些品種的蝴蝶蘭組織培養分割較大的分生苗也很容易合成乙烯。雖然培養瓶定期導入無菌的新鮮空氣，可以解決乙烯過量的問題，但是有二次汙染的風險，很難應

用於種苗生產上。因此產業上番木瓜的組織培養苗生產是以核黃素分解生長素避免生合成乙烯。蝴蝶蘭則是在分生苗分割後，利用空氣熱脹冷縮原理將 1- 環丙烯（1-methylcyclopropene, 1-MCP）吸入培養容器中抑制乙烯生合成，可以抑制葉片黃化（圖 8）。

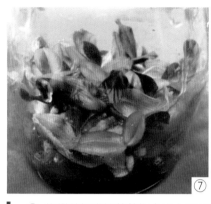

⑦ 蝴蝶蘭組織培養苗生合成大量乙烯，導致植株黃葉老化。
⑧ 經 1-MCP 處理後不再有黃葉老化現象。

第三節　培養基的成分與配製

　　植物在自然界的生長是從吸收土壤溶液獲得所需要的養分。人類栽培作物借由植物體分析和土壤溶液分析了解植物的養分需求。若養分缺乏，則可藉由施肥補充所缺乏的養分。作物的水耕栽培，是人類仿土壤溶液的成分，配製人工培養基用以栽培作物。土壤是固體，除了提供土壤溶液的功能外，還有固持的作用。如果將水耕溶液利用凝膠物質凝結成半固體狀，這種培養基也會具有土壤的固持作用。前一節提到：為了避免培養容器中的溫度因溫室效應產生過高溫，而不利培植體的生長，培養環境的光環境常低於光合作用的補償點，因此培養基還需要添加蔗糖，作為培植體生長的能源。另外大部分的培植體 都不是完整的植株，因此沒有完整的植物荷爾蒙系統，加上組織培養的目的，常會因培養的目的而調節培植體的生長與分化，因此需要額外補充植物生長調節物質。茲將組織培養培養基常用的主要成

分，分別敘述於下：

一、培養基的主要成分

（一）水

　　培養基中有 95% 以上的成分是水，因此水的純度對配製培養基的品質非常重要。培養的培植體個體越小，對水質的純度越嚴格。例如生長點培養、細胞培養、或原生質培養，建議用蒸餾過二次的水。但一般以繁殖爲目的的培植體，植株個體較大，用經過逆滲透作用製成的水（RO 水）或蒸餾過一次的水配製的培養基就可以了。

（二）無機鹽類

　　植物在自然界生長，從土壤中吸收水、無機鹽類以及小分子的有機物，另外土壤還有固持作用。人工培養作物時（例如水耕栽培），也需要提供類似土壤溶液中的成分，植物才能正常生長，所以水耕作物的配方，其實是仿土壤溶液中的成分配製而成的。若將水耕配方再經過高壓蒸汽滅菌，就可以作爲器內培養用的無菌基礎培養基了。所以早期研究組織培養配方的學者，大多是研究植物營養學的學者。另外在研究作物栽培時，植體的營養狀況，經常也會利用植物體營養分析技術，了解植物的營養狀態，作爲調整施肥用量的依據。因此組織培養時，若一般常用配方不能培養特殊作物時，也可以利用植物體分析的方法，調整培養基的無機鹽類及其濃度，作爲此特殊作物的培養配方。

（三）有機物質

　　除了無機鹽類以外培養基中也會依作物個別的需求而添加胺基酸、和維生素 B 群或維生素 C 等。以 MS 培養基爲例，培養基會添加甘胺酸（glycine）和維生素 B_1（thiamine）、B_6（pyridoxin）、B_{12}。又如若內生生長素含量太高，或植株因生合成生長素量太多容易產生內生乙烯時，則培養基則會添加核黃素（維生素 B_2，riboflavin），以降解培植體生合成的生長素。另外培養基也會添加酵母萃取物、果

汁、或果泥等，例如培養蘭科植物的京都配方，常添加有椰子汁或蘋果汁。在臺灣蝴蝶蘭的無菌培養，播種用的配方常加有馬鈴薯泥，而在蝴蝶蘭移植前培養的配方常加有綠熟期（果肉飽滿但果皮仍為綠色）的香蕉泥。

（四）醣類

植物在自然界生長，利用從土壤吸收的水、空氣中的二氧化碳以及太陽的光輻射能進行光合作用合成葡萄糖，做為生物維持生命以及生長的基本能源。培植體培養在通風不良的無菌容器內，若光輻射能太多，因溫室效應會產生高於培植體生存的溫度，因此不能將培植體培養在高光輻射下，而光輻射能不足就不能行光合作用，因此無菌培養的培植體不能自營生長，所以培養基需加醣類，供應培植體生長所需的能源，並以異營生長的方式進行。又蔗糖在植物體內的轉運比其它醣類有效率，因此配製培養基的醣類，多以蔗糖為主。

（五）植物生長調節劑

植物生長調節劑可分為五類，分別為促進生長的生長素，促進細胞分裂的細胞分裂素，促進細胞伸長的徒長素，休眠素以及促進老化的乙烯，其中最常添加於培養基的是前兩種植物生長調節劑。

植物細胞具有全能分化的潛力，而控制植物生長與分化最重要的兩種植物荷爾蒙，一為生長素，另一為細胞分裂素。依據在 1957 年，Miller 和 Skoog 提出「生長素與細胞分裂素的比值控制植物分化的方向」的理論，透過調整培養基中的生長素與細胞分裂素的含量，就可以依培養繁殖的目的而使培植個體生根，或長新梢。

適量的植物生長素會促進細胞生長，促進植物發根。但過量的植物生長素會誘導培植體生合成乙烯，乙烯會促進培植體老化落葉，器內培養需避免培植體生合成乙烯。核黃素在光環境下會分解生長素，常被利用於分解培植體內的生長素，避免培植體生合成乙烯，造成培植體老化落葉。又植物在受傷後常會生合成乙烯，在繁殖時分割植物的操作，常會生合成過量的乙烯導致培植體落葉。在培養基添加硝酸銀，或將分割植體重新培養後，將培養容器置於有 1- 環丙烯（1-methylcyclopropene）氣體的密封箱中隔夜，可以避免因乙烯過量造成培植體的葉片老化變黃或落葉。

　　細胞分裂素會促進細胞分裂或腋芽萌芽。當細胞快速分裂增殖而從培養基吸收的養分不足以供應增殖所需的養分時，新細胞的細胞質濃度會降低，情況嚴重時細胞呈水浸潤狀，稱為細胞玻璃質化（vitrification）。玻璃質化的培植體，因為細胞乾物重不足，很難在低相對溼度的環境下生存，因此培植體移出培養容器外前，必需降低培養基中細胞分裂素的濃度，甚至完全移除細胞分裂素並提高生長素濃度，待培植體乾物重增加至 12-16％，移出的培植體容易成活。

　　繁殖用的培養基很少加入徒長素（GA）成分，反倒是因為培養的培植密度高，培植體徒長，反而不容易生根。在這種情況下，在培養基添加植物生長抑制劑（plant growth retardant）以抑制內生徒長素的生合成，可以有助於培植體生根。

　　離層酸（ABA）又稱休眠素，可以促進組織培養的球根植物結球，然後再將結球的球根植物移出培養容器外，成活率比較高，但是這種球根休眠程度不一，加上目前微體扦插的技術已經大量被應用，發根的組織培養苗移出瓶的成活率也不再是問題，離層酸成分已經不再被利用於球根植物的培養了。

　　植物生長調節劑的物理和化學性質各有不同（表 12-1），某些植物生長調節劑只能溶解於酸性溶液、或鹼性溶液中，某些則只能溶解於有機溶劑；某些生長調節劑的溶液可以在室溫環境貯藏，某些則必需低溫貯藏。某些生長調節劑在高溫下會分解（例如 GA），這類的生長調節劑在配製培養基時，需另外用超微細過濾膜過濾的方法去除微生物後，再混入已經經過高壓滅菌並且降溫到 60℃ 以下的培養基中。

表 12-1　植物生長調節劑之物理化學特性

種類	NAA	IBA	IAA	2,4-D	GA3	BA	Kinetin	ABA
分子量	186.2	203.2	175.2	221.0	346.4	225.3	215.2	264.3
溶劑	NaOH *	酒精 / NaOH	酒精 / NaOH	酒精 / NaOH	酒精	NaOH	NaOH	NaOH
貯藏溫度	室溫	0-5℃	0℃	室溫	室溫	室溫	0℃	0℃
濃縮液貯藏溫度	0-5℃	0℃	0℃	0-5℃	0℃	0-5℃	0℃	0℃
滅菌方法	高壓鍋	高壓鍋 / 過濾	過濾	高壓鍋	過濾	高壓鍋 / 過濾	高壓鍋 / 過濾	高壓鍋 / 過濾

* NaOH 溶液濃度為 1N

（六）培養基固化物質

　　為了避免培植體浸泡在培養基中，造成缺氧的問題，培養基溶液通常會加入凝膠物質，使溶液凝固成半固態膠體，使培植體能很容易插入培養基中而固定。凝膠物質有由海藻萃取的高分子多醣類的洋菜（agar），也有從豬皮萃取的明膠（gelrite）。洋菜的凝結作用與洋菜的純度有關，純度高的洋菜用量較少。另外凝結作用也與培養基的 pH 值有關；pH 值高，洋菜的凝結作用強；pH 低洋菜凝結作用低。但凝結作用強的培養基，培養基中的成分，比較不容易被培植體吸收。在 pH 值調整為 5.7 的培養基，每公升洋菜的濃度建議為 6-8 公克。明膠每公升的濃度建議為 2 公克。若以明膠為培養基的凝結劑，則培養基中至少要含有與 0.1% 的硫酸鎂（$MgSO_4.7H_2O$）等量的鎂離子。

（七）活性碳

　　活性碳是由植物木質經高溫炭化而製成的。擁有很細微的網狀小孔，內表面積很大，可以吸附各種物質，包括氣體或固體化合物例如植物生長調節劑、維生素、酚類化合物。另外活性碳還可墨化培養基的環境，有利於培植體生根。培養基常使用的活性碳濃度為 0.2-3% w/v。

二、培養基的配製

　　為了方便配製，以及對於微量成分的藥品，可以減少每次秤重而造成的誤差值。培養基的各種成分都預先配成 4-1000 倍濃度的濃縮液，配製培養基時，再按需要量稀釋。配製成的濃縮液，都有一定的保存期限，應儘速用完。容易因見光而氧化的化合物如 Fe-EDTA，宜用深色瓶子保存；胺基酸、維他命類以及其他有機物質之濃縮液，宜以冷凍（0℃以下）的方式貯存。濃縮液容易發生沈澱的鹽類，應避免以高濃度配成濃縮液。例如大量元素濃縮液中的 K_2HPO_4 與 $CaCl_2 \cdot 2H_2O$ 成分，再配製時應先分別溶解後再混合。而微量元素濃縮液中的 H_3BO_3 不易溶解，應先溶解後再倒入其他溶液中。茲以最常用的 MS 培養基，說明培養基的配製方法。

（一）濃縮液的配製

　　培養基中的化合物可分為四大類，第一類為大量元素，通常以 4 倍的濃度配製成濃縮液（表 12-2）；第二類為二價的鐵（Fe-EDTA），以 200 倍濃度配製成濃縮液（表 12-3），需存放於暗色容器；第三類為微量元素，以 1000 倍濃度配製成濃縮液（表 12-4）；第四類為有機物，以 200 倍濃度配製成濃縮液（表 12-5）；濃縮液預先分裝成 5ml /1 瓶（袋）後，再置於 0℃ 以下冷凍貯藏。另外植物生長調節劑，則都以 0.1-1% 的濃度配成濃縮液。

（二）配製培養基

　　先取 500ml 蒸餾水，再加入第一類濃縮液 250ml（表 12-2）、第二類濃縮液 5ml（表 12-3）、第三類濃縮液 1 ml（表 12-4）、第四類濃縮液一瓶 5 ml（表 12-5），另外再依培養的目的添加適量之植物生長調節劑和蔗糖（30g/l），最後再添加蒸餾水，使培養基的總體積為 1 公升然後調整 pH 值。

　　鋁元素是地球上分佈最多的金屬，由於土壤溶液中有較多的鋁離子，如果植物種在酸性土壤中，會導致植物鋁中毒。因此除了耐酸性土壤的作物，例如茶花，一般土壤的酸鹼值（pH），需維持在弱酸性（pH6.0-6.8）。然而水耕溶液或組織培養的配方中並沒有鋁，不會有鋁毒害的問題發生。即使有許多含糖培養基，在高壓蒸汽滅菌後，因蔗糖的分解，培養基的 pH 值常會從 5.6 降到 4.5 以下，也不會有鋁毒害，或因培養基 pH 值低，而使培養的作物生長不良。又當培養基中的陽離子被植物吸收後，殘餘的酸根大部分留在培養基中，因此溶液的 pH 值會越來越高。為了維持培養基的 pH 值在弱酸能有較長的時間，一般作物的培養基滅菌前的 pH 值常調整為 5.6-5.7。

　　培養基的 pH 值調整後，將培養基加熱到 60℃，然後徐徐加入洋菜粉 6-8 g。繼續加熱攪拌到洋菜全部融解後，將培養基經分裝到容器並加蓋，再放入高壓滅菌鍋，以 121℃ 溫度滅菌。滅菌時間長短，依每一容器內所裝的溶液體積多寡而定。例如試管或三角瓶裝培養基 20-50 ml 滅菌時間 20 min；三角瓶裝培養基 50-500 ml 滅菌時間 25 min；三角瓶裝培養基 500-5000 ml 滅菌時間 35 min。為了避免冷卻後的培養基上有過多的凝結水，滅菌完成的培養基應迅速冷卻，切忌將大量高溫的培

養基堆置一起。滅菌後的培養基冷卻後，放在乾淨的貯物櫃中備用。

表 12-2　MS 培養基大量元素之成分

成分	每公升濃度（mg/l）	4 倍濃縮液濃度（mg/l）
KNO_3	1900	7600
NH_4NO_3	1650	6600
$CaCl_2 \cdot 2H_2O$	440	1760
$MgSO_4 \cdot 7H_2O$	370	1480
KH_2PO_4	170	680

表 12-3　MS 培養基鐵元素之成分

成分	每公升濃度（mg/l）	200 倍濃縮液濃度（mg/l）
$FeSO_4 \cdot 7H_2O$	27.8	5560
$Na_2 EDTA \cdot 2H_2O$	37.3	7460

表 12-4　MS 培養基微量元素之成分

成分	每公升濃度（mg/l）	1000 倍濃縮液濃度（mg/l）
$MnSO_4 \cdot 4H_2O$	22.3	22300
$ZnSO_4 \cdot 7H_2O$	8.6	8600
H_3BO_3	6.2	6200
KI	0.83	830
$CuSO_4 \cdot 5H_2O$	0.025	25
$Na_2MoO_4 \cdot 2H_2O$	0.25	250
$CoCl_2 \cdot 6H_2O$	0.025	25

表 12-5　MS 培養基維生素與胺基酸之成分

成分	每公升濃度（mg/l）	200 倍濃縮液濃度（mg/l）
myo-inositol	100.0	20000
thiamine HCl	0.1	20
nicotinic acid	0.5	100
pyridoxine HCl	0.5	100
glycine	2.0	400

 **組織培養方法之操作流程**

組織培養方法大致上可分為：I、建立無菌培養時期，II、無菌狀態下大量增殖時期，III、移出前培養時期，或稱為不定根形成時期，以及 IV、移出容器外的人工馴化時期。但近年來因實際上的需要，也有人在建立無菌培養階段前，加一個前處理階段，稱「0」階段。另外把移出前培養的第 III 階段，再細分為 III_A 與 III_B 二階段，III_A 階段促進培植體具有發根的潛力，III_B 階段則促進不定根形成。茲將各主要操作及目的分述於下：

一、第 0 階段

由於有些擬培養的材料長期生長在容易汙染的環境，如木本植物長期生長在田間，或球根植物之球根部分則長期生長在土壤中，因此在建立無菌培養時非常困難。第 0 階段即是指在開始建立無菌培養以前的各種預先處理，使欲做為培養的材料儘量保持無菌或降低汙染源。例如先將植物移到溫室內栽培，或定期噴施抗生素，或儘量將擬培養的作物材料保持離水狀態。

二、第 I 階段

本階段主要的工作是將在有微生物的環境下生長的培植體（可能是植株、種子、器官、組織或細胞），以特殊的無菌分離技術或經表面滅菌後，將培植體分離並培養在無菌環境下，最後得到一個無微生物感染而又能繼續生長與發育的培植體，此培養又稱為初代培養（initial culture）。初代培養要達到無菌的培養狀態，必須先將植物材料、培養基以及操作中必須使用的工具進行滅菌。

培養基在製作過程中已經經過高壓滅菌處理。而操作所必須使用的工具，其滅菌處理大致分為三類：耐高溫的非金屬用具如培養皿、滴管、微細過濾器可採用高壓蒸氣殺菌。不耐高溫的塑膠類製品，可以先用包裝材料密封再經過珈瑪（r）

放射線滅菌處理。而金屬用具如解剖針、解剖刀、鑷子，使用前可先用酒精擦拭乾淨，再用酒精燈或紅外線加熱器燒烤滅菌，冷卻後備用。

植物的生長是由內往外生長，因此植物體的內部組織若無感染系統性病害（維管束有病原菌），一般被視為無菌，亦即植物材料的殺菌僅作表面消毒，即可作為無菌培養的材料。植物材料可以直接丟入滅菌劑或可先用清洗劑洗滌，經沖洗後再放入表面滅菌劑溶液中滅菌。常用的表面滅菌劑有 70 % 的酒精，或含 0.5-1.0 % 次氯酸鈉的溶液，或將 7-14g 的漂白粉（次氯酸鈣）溶於 100 ml 水，再過濾出的澄清液，或含 3 % 雙氧水的溶液。酒精溶液表面張力大，滅菌效果強，但也容易傷害植物細胞，因此滅菌處理時間不宜超過一分鐘。其餘藥劑滅菌時間為 5-10 分鐘。對於表面有絨毛的植物材料（例如非洲菊的頂芽或花梗），一般殺菌劑不容易浸潤表面時，常用酒精先處理數秒鐘後再配合其他滅菌劑滅菌。材料經滅菌溶液滅菌 5-45 分鐘後，移到無菌環境下（無菌操作箱或無菌操作臺），先用高壓滅菌過的無菌水將植物材料淋洗 3 次，以去除材料上的藥劑，再切取所需要的培植體，置於培養基上培養。

在第一階段的培養，另一個常遭遇的問題是培植體滲出褐色化合物，可能會阻礙培植體吸收培養基中的成分。在自然界，植物受傷後，傷口會滲出酚類化合物。酚類化合物接觸空氣氧化成褐色物質，可以防止病原菌由傷口侵入。組織培養時，褐色物質會阻礙培養基之吸收，造成培植體飢餓而死亡，因此在第一階段的培養需防止培養基中累積大量的褐色物質。防止的方法有：1. 在培養基中加入具吸附力強的物質，例如活性碳或聚乙烯吡咯烷酮（polyvinylpyrrolidone，PVP）。2. 在培養基中加入抗氧化劑，例如檸檬酸或維生素 C，或培植體在培養前先用抗氧化劑或滅菌過的水淋洗或浸漬其中。所使用的抗氧化劑因為不耐高溫，因此抗氧化劑的溶液需經過超微細過濾膜（milipore）過濾滅菌，再定量加入已經高壓滅菌的培養基中。3. 擬培養的材料預先經白化處理（etiodation）。4. 培養基中添加麩胺酸（glutamine）、天門冬酸（asparagine）以及精胺酸（arginine）。5. 降低培養基鹽類濃度。6. 培養基不要添加植物生長調節劑。7. 培植體培養先在暗環境培養 1-2 星期。

三、第 II 階段

此階段的培養稱爲繼代培養（subculture），又稱爲增殖培養（multiplication culture），主要的目的是在無菌且最適宜的生長環境下，快速的大量繁殖培植體，但卻又不能使培植體發生變異，喪失了植物原有的遺傳特性。以一般植物的生長速度，約每一個月需分割或分株繁殖一次，同時更換新鮮的培養基。培植體增殖的方式可分爲下列幾種：1. 以腋芽增生的方式：從培植體上的腋芽長出叢生狀的枝條，再利用分枝或扦插繁殖的方法大量增殖培植體（圖9）。2. 以癒傷組織增生的方式：癒傷組織是由細胞組成的組織塊。由第一階段培養從培植

⑨ 紅粗肋草以腋芽增生的方式從培植體上的腋芽長出叢生狀的枝條。

體長出的癒傷組織，繼續以癒傷組織增生的方式大量增殖。3. 以細胞增生的方式：由第一階段培養從培植體長出的細胞，繼續以細胞懸浮於液態培養基的培養方式大量增殖細胞。這種培養又稱爲懸浮培養（suspention culture）。

此階段常遭遇的問題爲增殖效率低和培植體玻璃質化（vitrification）。前者與培植體的生理年齡相關，大多發生於多年生植物，以具有大葉型的木本植物最常發生。若培養的培植體是來自再生能力低，或生長活力已經下降，或是分枝性已經變差的多年生老樹，則其增殖培養的增殖效率都比較低。這種培植體必須經過多次培養在含甲苯胺的培養基之後，培植體的增殖倍率才會逐漸增加。至於培植體玻璃質化形成的原因有細胞分裂素濃度太高，造成增殖倍率太高，細胞質成分因增殖而被稀釋；或培養容器內的相對溼度高，培植的蒸散作用少，缺乏蒸散作用的負壓力，培植體吸收養分少，細胞質含水量高成分少，而使培植體漸漸透明化。

四、第 III_A 階段

第三階段主要的目的是促進培植體在無菌培養的狀態下發根。然而有些在第二階段增殖的培植體不容易直接誘導生根，因此第三階段的培養，再分成誘導培植體具備有發根的潛能（III_A），和促進培植體生根（III_B）兩階段。例如細胞或癒傷組織培植體，必須先將培植體誘導長出不定芽，或體胚芽，才能再誘導生根；又如叢生狀的培植體，也不容易誘導生根，必須先使培植體分割成單一枝條且具有伸長的節間，培植體才具備有發根的潛能（III_A）。

五、第 III_B 階段

此階段主要的目的是促進無菌培養的培植體在無菌狀態下發根，例如非洲菊的發根培養（圖 10）。通常只要改變培養基中植物生長調節物質的種類和濃度即可。例如增加生長素濃度且不加細胞分裂素。在培植體生根的同時，降低培養容器內的相對溼度，提高培養的光強度，必要時，再將培養基的蔗糖濃度降低等，都有助於培植體的強化（hardening），使培植體提高對之後移出容器外遭受逆境的適應能力，不至於在移出瓶外後乾枯死亡。

⑩ 非洲菊的發根培養。

六、第 IV 階段

此階段的目的是要移出的培植體，在人工的瓶外環境下逐漸適應，並且迅速恢復生長的能力。

培植體在容器內的生長屬於異營生長，不行光合作用。加上長期在高相對溼度環境下生長，沒有喪失水分的顧慮，因此培植體的表面構造不完整，且保衛細胞調

節氣孔開或閉的反應也漸漸遲鈍。當培植體移出培養容器外，面對自然環境的巨大差異，培植體會因快速失水而萎凋，或遭受病原菌侵入而病死，或因不能行光合作用製造葡萄糖而逐漸餓死。雖然在上一個階段（第 III$_B$ 階段）培植體已經接受強化處理，但培植體移出容器外時，仍需在比較低光度且高相對溼度的環境以及沒有病原菌的栽培介質中馴化，再移植到一般的栽培環境，例如紅粗肋草（圖 11）。

七、降低組織培養繁殖成本的操作實務

在商業種苗生產上，省略不必要的操作步驟，就是降低成本。雖然前述組織培養的操作程序可分為六個階段。但是並非所有植物的培養都需要經過每一個培養階段，可因所培養的作物而簡化之。例如長期在溫室生長的植物，而且作物的頂芽又被葉片包得很緊密，因此葉片內部的生長點是非常乾淨的。在切取這種培植體時，可以不經表面消毒，直接去除外層的葉片、鱗片，取得乾淨之生長點或頂芽培養。

又由於在容器內發根的階段，在種苗生產上所占的成本高，加上移植有根的培植體，在操作上要非常小心。而且有些培植體在容器內所發育的根，其構造和功能都不完整，當移出

⑪ 馴化中的紅粗肋草組織培養苗。
⑫ 非洲菊的微體扦插繁殖。

培養容器外時，培植體上原有的根會萎縮腐爛重新再生根。因此在商業種苗生產上，趨向於直接將第 II 階段所生產的新梢，分割成小枝條後做為扦插繁殖的材料。這種以組織培養方法所生產的小枝條，稱為微體插穗（micro-cuttings）。例如將非洲菊的微體插穗扦插在有噴霧設備的扦插床上，可以同時進行發根和馴化（圖12）。若第 II 階段的培植體不適於直接扦插，也可以先經過第 III$_A$ 階段，促使新梢伸長到適當大小後，再進行扦插繁殖。以非洲菊的微體扦插繁殖為例，其繁殖的成本比一般組織培養的方法節省三成以上。

CHAPTER 13

植物組織培養在園藝作物種苗生產上之應用

組織培養依其所培養的組織或器官可分為無菌播種、胚芽培養、頂芽培養、單節培養、腋芽培養、生長點培養、生殖器官的培殖體培養、癒傷組織或懸浮細胞培養、花藥培養、花粉培養、胚珠培養等。茲將各種培養利用於種苗生產的方式概述於以下各節。

 第一節　無菌播種

蘭花類植物種子構造簡單，單層細胞的種子皮內，僅有一個原始胚芽，沒有胚乳。在自然界中，蘭花種子必需倚賴特殊的共生根菌，才能順利發芽長成植株。但蘭科作物的種子也可以利用無菌播種在人工配製的培養基上發芽生長。西元 1922 年，Knudson 利用無菌操作技術，將滅菌過的蘭花種子，培養在含有無機鹽類、蔗糖、以及洋菜的培養基上，成功的培育出蘭花種苗。從此蘭花種子可以利用人工培養基育苗，解決育種工作上育苗的瓶頸，不只蘭花種苗生產有了經濟制規模，新品種的發展，也更為快速。

蘭花播種常用的培養基有：Knudson C（1946）配方（簡稱 KC 配方；表 13-1）、Vacin &Went（1949）配方（簡稱 VW 配方；表 13-1）、1/4 濃度的 Murashuge & Skoog（1962）配方（簡稱 1/4MS 配方；表 12-2, 3, 4 ,5）以及狩野的京都配方。京都配方的成分簡單，僅有 3 公克的花寶 1 號肥料（Hyponex-1; 7-6-19），10-30% 的果汁（例如綠熟期的椰子汁或蘋果汁），2-3.5% 的蔗糖，以及 0.7-0.8% 的洋菜粉，故又稱為花寶配方。臺灣蝴蝶蘭播種，初代培養基中常以馬鈴薯泥（34g/l）代替果汁，最後發根培養所用的培養基，常以綠熟期的香蕉泥（90g/l）代替果汁。

一般完熟的作物種子，其子葉或胚乳貯存有供應種子發芽所需的養分，不需要利用無菌播種技術繁殖種苗。不過蕨類植物的孢子很小，而且孢子發芽需要維持在高溼度的環境，因此蕨類植物繁殖也常利用無菌播種技術，可以很容易的維持有利於孢子發芽的高溼環境。只是蕨類植物播種用的培養基，需要含有較多的磷，換言之，將京都配方中 3 公克的花寶 1 號肥料（Hyponex-1;7-6-19），改用 3 公克的花寶 3 號肥料（Hyponex-3; 10-30-20）取代，就是理想的蕨類植物無菌播種的配方。

表 13-1　KC 配方和 VW 配方之成分（mg/l）

成分	KC (1946)	VW (1949)
$(NH_4)_2SO_4$	500	500
KNO_3	525	----
KH_2PO_4	250	250
$Ca(NO_3)_2 4H_2O$	----	1000
$Ca_3(PO_4)_2$	200	----
$MgSO_4 7H_2O$	250	250
$MnSO_4 4H_2O$	7.5	7.5
$FeSO_4 7H_2O$	----	25.0
酒石酸鐵	28.0	----
蔗糖	20000	20000

（pH 值 5.0-5.2）

　　蘭花無菌播種最早的操作方法，是在蒴果成熟果實開裂後收集成熟的種子，種子經化學藥劑滅菌後，用高壓滅菌過的水（無菌水）沖洗三次，再將種子接種在培養基上。但因爲蘭花種子很小，重量又輕，在種子滅菌的過程中很難操作，甚至流失種子。因此大部分蘭花業者的播種方法大多改爲用綠熟期的蒴果進行播種。即種子發育到可以人工培養的階段採集蒴果，然後將整個蒴果滅菌處理，再用無菌水沖洗 3 次，然後切開蒴果，刮下尚未成熟的種子，接種於培養基上。這種方法雖然操作簡單，但是如果結果的植株已經感染毒素病，則所播種出的子代植株仍會感染病毒病。而不能像一般作物一樣，有病毒病的植株，經由有性繁殖系統，所繁殖的子代可以得到無病毒病的植株。因爲從蘭花蒴果刮下未成熟的種子時，感染病毒病的果肉或胚柄細胞也常一併被刮下來培養，成爲新的感染源，所繁殖的蘭苗在培養期間接觸到這些感染源就又感染了病毒。因此綜合前述兩種無菌播種的優點，即蘭花的蒴果可以不要在尚未成熟的綠果期採收，而在果實轉黃即將開裂的前幾天採集，然後立即進行滅菌處理，其果實滅菌的方法就如同前一個操作方法一樣簡單。之後，果莢置於事先滅菌且放在無菌操作臺內的培養皿中風乾，待蒴果裂開後收集從果實中自然脫落的種子進行播種。由於種子是成熟後自然脫離蒴果，因此播種時，並未培養帶有原來果實已感病毒的細胞，沒有培養帶病毒的感染源，所培養的蘭花苗就不會有病毒感染的問題。

　　大部分蘭花育種的人認為，種子發芽需要氧氣進行呼吸作用，因此蘭花無菌播種應該是播種在固體培養基上，種子發芽時可以從固體表面的氣相環境，取得足夠的氧氣。然而觀察自然界附生性蘭花的生態（例如蝴蝶蘭）：著生在樹幹的表皮的植株，種子絕非在樹皮的表面發芽，因為一下雨種子會被雨水沖走；種子一定是在會積水的樹皮縫隙中發芽。另外在蘭花無菌播種時，也常觀察到蘭花種子不只可以在培養瓶中的凝結水滴中發芽，而且種子發芽還比在固體培養基上的種子早。可見著生性蘭花種子是可以播種在靜置的液體培養基中的。

　　茲將靜置式蘭花無菌播種的操作方法敘述如下：

　　首先將滅菌過的成熟果實放置在無菌環境下收集的蝴蝶蘭種子。所收集定量的蝴蝶蘭種子與滅菌過的定量的培養基（1mg/20ml）混合成懸浮液，然後將蘭花種子懸浮液定量倒入滅菌過的培養皿（直徑9cm），加蓋的培養皿再以透氣性膠帶封口，即完成靜置式液體播種的程序。經過75天的培養，蘭株已經開始長葉，培養皿中已經沒有液體培養基了（圖1）。由於每一粒種子都可吸收到培養基，蘭苗的生長非常整齊。此時培養皿再倒入少量滅菌過的培養基，使蘭苗會漂移然後將蘭苗分別移植到十個培養皿，培養皿再添加20 ml滅菌過的培養基。再經45天，蘭株已經長出第一條根，此時即可移植到固體的發根培養基培養。再經120天的培養，

① 蝴蝶蘭種子分別播種在固體培養基（左）與液體培養基（右），培養75天後的生長情形。此時的液體培養基已經乾涸，培植體沒有發現玻璃質化的苗。

就可以將蘭苗移出瓶外種植。這種液體播種方法不只操作簡單，而且因為種苗浸泡在培養基中，容易吸收養分，因此比培養在固體培養基上的植株生長快。即使後來培養在相同的固體培養基，蘭苗的生長依然比較快。蝴蝶蘭苗在定瓶培養前的培養改用靜置式液體播種方法，與傳統的蘭花播種方法比較，全部的培養時間靜置式液體播的時間提早 2 個月。

胚芽培養

胚芽培養常被利用於柑橘類作物，以種子中的無雜交（apomix）胚芽生產營養系的健康種苗。經由種子繁殖的種苗，被認為是沒有病毒的健康種苗。然而除非是純系的種苗，大部分子代植株的遺傳特性與母本植株的特性是相異的。因為經父母本雜交的子代，其遺傳質有一半是遺傳自花粉親。不過具有多胚芽的種子，如柑桔類、芒果等，種子中除了有一個線形或紡錘形的胚芽是經由雜交形成的以外，還有一個或數個不定形的胚芽是從母體的胚囊細胞所形成的，因此這些非經雜交產生的胚芽（apomix）的遺傳性狀，與母本的遺傳性狀是完全相同的。將這些不定形的胚芽以組織培養的方法培養，即可獲得健康的營養系（clone）種苗。由於培植體已經具有胚芽的形態，因此培養基僅需提供無機鹽類與蔗糖，不需要再考慮形態分化所需的生長調節劑。若無法分辨種子中的有性胚芽或無性胚芽，也可以培養所有的胚芽，待子葉完全生長後，剔除生長勢較強且具有正常雙子葉形態的雜交苗，僅留下生長較遲緩且具單一子葉或多個子葉的營養系植株。由無性胚芽養成的健康植株移出培養容器栽培後，再取枝條高接在成熟的植株上，或嫁接於健康的砧木植株。

又許多作物的種子具有很長的休眠期，打破休眠又需要相當長的低溫期，甚至一個多天的低溫期，都還不一定能使種子克服休眠而發芽。長時間的休眠期，間接的會影響到育種的效率。如果種子皮中含有抑制種子發芽的休眠的物質，則直接先剔除種子皮，再培養胚芽，可以使胚芽即時生長，而縮短育苗時間。例如玫瑰花育種，雜交種子常利用胚芽培養技術，縮短育種所需的時間。

另外在進行種間雜交，或遠緣雜交育種的過程中，偶有受精卵發育失敗，造成早期落果的現象，而不能收到雜交種子，此時可以培養尚未落果的種子或未成熟的胚芽而得到種苗。雙子葉植物的胚芽發育，可分為：球形胚期、心臟胚期、魚雷胚期、以及子葉胚期。在球形胚芽發育時，需要有植物生長素來促進發育，但在心臟形胚芽發育時，則不需要植物生長素。由於二者發育的條件不同，因此有許多種間雜交胚芽的發育僅止於球形胚期。這時期約在授粉到種子成熟期間的中期之前。若在球型胚芽衰敗之前，培養於不含植物生長素的培養基，球形胚芽即可繼續發育成植株。若未成熟胚芽生合成的生長素濃度仍過高，則需在培養基中添加核黃素（維生素 B_2），並且將未成熟的胚芽培養在光環境下，此時核黃素可以分解過多的植物生長素，使未成熟的胚芽順利發育成植株。不過未成熟胚芽的培養方法只應用在育種上，當植株授粉後發生早期落果現象時，並不直接用於種苗生產上。

第三節　莖頂培養和單節培養

莖頂培養（shoot tip culture）是培養枝條頂部的生長點與其周邊的葉原體；而單節培養是培養單節的莖，事實上是培養單節上的休眠腋芽。此兩種培養都是利用培養基中所添加的細胞分裂素，促進莖節上的休眠腋芽發育形成新枝條。待新生枝生長到相當長度後，再將叢生的培植體分枝或將枝條再剪成單節，培養到同樣含細胞分裂素的新培養基，再得到新的枝條。如此不斷的重複多次培養後，可以繁殖大量的枝梢培植體；最後將這些培植體培養在含有較高濃度生長素的培養基，促進培植體生根，或直接將培植體移出培養容器外並處理生長素，再進行扦插，待培植體長出根，即可獲得大量新的種苗。這兩種組織培養方法操作上比較簡單，而且新的植物個體是直接由腋芽發育的，產生變異植株的機率低，是種苗生產最常用的組織培養方法。一般的宿根草作物的初代培養常利用莖頂組織培養，例如宿根滿天星；又具有頂生花芽的木本作物則用單節培養例如玫瑰花；而天南星科的觀葉植物，單節也是很好的培植體。不過天南星科植物常栽培在陰溼的環境，且腋芽被葉鞘包圍，成為藏汙納垢的地方，表面殺菌很難，一般的表面滅菌方法很難將腋芽培植

體完全滅菌，因此常被誤認為是內生病原菌的
問題。筆者建議天南星科作物的培植體培養之
前數星期，擬培養的植物材料必需停止澆水，
必要時還需拔除葉鞘，使腋芽裸露出來並保持
乾燥。進行培養時僅需按一般滅菌程序即可成
功，例如紅粗肋草的單節培養（圖 2）。

生長點培養

② 紅粗肋草之單節培養。

　　以生長點為培植體的培養方法，主要目的是要去除培植體內的病毒病原，生
產健康種苗。植物的生長點（meristem）位於莖（枝條）的頂端，是由一群具有
細胞分裂能力的細胞組成，包括中心體（corpus）以及三層的表層細胞（tunica
layers）。植物體內的病毒從一個細胞擴散到另一個細胞的速率並不快，但病毒若
經由維管束的轉運，在植體內的擴散卻非常快。植物生長點的組織中並沒有維管
束，生長點分化新葉片後，葉原體的組織才會分化新的維管束與莖的維管束相連
接。因此切取包含有葉原體的莖頂（shoot tip）組織為培植體，若組織內已經形成
新的維管束，且維管束已經與原來莖的維管束相連，則所繁殖出的培植體會有病毒
病原；但若僅取生長點為培植體，因原培植體並無維管束與母體的維管束相連，縱
使原來的莖維管束中有病毒病原，所繁殖的植株也有可能是沒有病毒的健康植株。
　　莖的頂端除了莖的生長點外，還包括生長點周邊的葉原體。葉原體能生合成某
些植物生長所需的物質，因此培養莖的頂端組織比起培養莖的生長點更容易成活。
衡量去病毒的效果與培養的成功率，許多生長點培養所取的生長點培植體，常會帶
有 1-2 片的葉原體來提高培養的成功率，但相對的也提高感染病毒病的機會。因此
雖然說生長點培養可以生產無病毒種苗，但所生產出的種苗都會再做病毒檢測，以
確認種苗是無病毒的健康種苗。又生長點培養期間再配合溫度在 35-38℃ 的環境培
養，可以提高獲得無病毒種苗的比率。病毒檢驗的方法有 1. 利用指示植物接種，
檢查接種後的指示植物是否有病毒病，2. 利用穿透式電子顯微鏡檢查植物細胞是否

有病毒 3. 利用病毒血清反應檢查 4. 檢查種苗是否有病毒的 RNA 或 DNA。

植物的生長點，或莖頂組織的培植體都很小，為了使培植體能順利吸收養分，且不會埋入培養基造成缺氧死亡，生長點、或莖頂的組織培養，常以吸水性好的濾紙，做成拱橋狀並將濾紙橋的底部插入液體培養基中，濾紙中的毛細管將液體培養基吸到培養的橋面，而培植體就培養在橋面上（圖 3）。另外避免培植體從傷口分泌酚類的氧化褐色物質，阻礙培養基的吸收，培養之後的培植體放置在低光或黑暗處培養 1-2 星期後，再轉培養在適當的光照下。

③ 利用濾紙橋將聖誕紅的莖生長點培養於液體培養基上的紙橋面上。

 ## 第五節　生殖器官的培植體培養

有些作物其器官（如葉片、根、花器等）可以直接分化芽體、或胚芽。先將這些芽體、或胚芽增殖後，再促進發根，同樣可以得到大量種苗。利用莖頂培養、單節培養方法所繁殖的種苗，植株的遺傳性狀比較穩定；但是利用非生長點器官再生芽體或胚芽的繁殖方法生產的種苗，其遺傳性狀比較不穩定。因此後者除非已經證明芽體，或胚芽的突變率相當低，否則比較不考慮做為種苗生產的方法。然而有些草本作物，因其地下莖或短縮的莖生長在栽培介質中或地表面，若以其莖頂的組織或單節為組織培養材料，很難用化學滅菌處理得到完全無菌的培植體。這些作物例如非洲菊（圖 4 左圖）、星辰花、萱草等，常用長在較高位置的小花蕾或花序為培植體。還有一些分枝少，且生長緩慢的木本作物，因植株的頂芽少，且腋芽很難用化學滅菌處理得到完全無菌的培植體。這些作物例如麒麟花（圖 4 右圖），也常用剛發育小花花序為培植體。另外，利用非生長點培植體的培養方式，可以將嵌鑲突變的部分組織經由再生芽體分離成完整的變異植株。

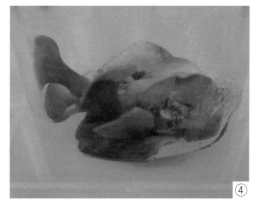

④ 非洲菊利用小花蕾培養，直接從花蕾再生營養芽（左圖）；大花麒麟以小花序培養，也可以從花蕾再生營養芽（右圖）。

　　另外有些植物器官培養時，並不會直接分化芽體、或胚芽（direct differentiaiuon），而是逆分化（dedifferentiation）形成癒傷組織。癒傷組織可以重複培養於相同的培養基大量增殖。若將癒傷組織培養於液體培養基中，需利用震盪或旋轉使培植體獲得足夠氧氣才能成活。然而癒傷組織在震盪培養過程中，其組織結構會崩解成小細胞團甚至是單細胞，因此若再配合過濾處理，即可以獲得單細胞培植體。單細胞培植體的培養，由於在振盪的培養基中，細胞呈懸浮狀態，因此又稱為細胞懸浮培養。細胞懸浮培養也一樣可以不斷重複過濾後再培養的操作 獲得大量的單細胞。癒傷組織或細胞可以再分化（redifferentiation）出芽體或胚芽，然後繁殖成植株。植物的花器官，例如花絲、花藥、花粉、或胚珠都可以經由逆分化先形成癒傷組織，再經再分化成芽體或胚芽，前二者形成的植株為二倍體植株，後二者形成的為單倍體植株。

參考書目

R. L. M. Pierik (1987). In Vitro Culture of Higher Plants Martinus Nijhoff Publishers, 344pp.

H. T. Hartmann D.E. Kester F.T. Davies & R.L. Geneve (2014). Hartmann& Kester's Plant Propagation Principles and Practices 8 Edi. Pearson New International Edition Pearson Prentice Hall, 922pp.

C. Y. Chu (1991). The Efficient Propagation Method Of Miniature Roses Univ. of Illinois U.S.A., 113pp.

朱建鏞、林深林（2011）。洋桔梗育苗及栽培管理技術（100 農科 -1.1.11- 科 -a3）。國立中興大學園藝學系，55pp。

張學焜、傅仰人主編，朱建鏞（1992）。玫瑰迷你嫁接繁殖，花卉栽培技術與產業規劃研討會專輯。桃園區農業改良場，p.85-95。

朱建鏞（1995）。園藝種苗生產。臺北：三民書局，263pp。

蔡娟婷（2004）。通氣性和液體培養基對蝴蝶蘭瓶苗生長之影響。國立中興大學園藝學系，177pp。

國家圖書館出版品預行編目資料

園藝作物繁殖學／朱建鏞編著. 一一三
版.一一臺北市：五南圖書出版股份有限公
司, 2020.10
面；　公分
ISBN 978-986-522-291-8（平裝）

1.植物繁殖

435.53　　　　　　　　　109014843

5N15

園藝作物繁殖學

作　　者 ― 朱建鏞

企劃主編 ― 李貴年

責任編輯 ― 周淑婷、何富珊

封面設計 ― 姚孝慈、王麗娟

出 版 者 ― 五南圖書出版股份有限公司

發 行 人 ― 楊榮川

總 經 理 ― 楊士清

總 編 輯 ― 楊秀麗

地　　址：106臺北市大安區和平東路二段339號4樓

電　　話：(02)2705-5066　　傳　真：(02)2706-6100

網　　址：https://www.wunan.com.tw

電子郵件：wunan@wunan.com.tw

劃撥帳號：01068953

戶　　名：五南圖書出版股份有限公司

法律顧問　林勝安律師

出版日期　2017年 9 月初版一刷
　　　　　2019年 3 月二版一刷
　　　　　2020年10月三版一刷
　　　　　2024年 9 月三版三刷

定　　價　新臺幣400元

經典永恆・名著常在

五十週年的獻禮 —— 經典名著文庫

五南，五十年了，半個世紀，人生旅程的一大半，走過來了。

思索著，邁向百年的未來歷程，能為知識界、文化學術界作些什麼？

在速食文化的生態下，有什麼值得讓人雋永品味的？

歷代經典・當今名著，經過時間的洗禮，千錘百鍊，流傳至今，光芒耀人；

不僅使我們能領悟前人的智慧，同時也增深加廣我們思考的深度與視野。

我們決心投入巨資，有計畫的系統梳選，成立「經典名著文庫」，

希望收入古今中外思想性的、充滿睿智與獨見的經典、名著。

這是一項理想性的、永續性的巨大出版工程。

不在意讀者的眾寡，只考慮它的學術價值，力求完整展現先哲思想的軌跡；

為知識界開啟一片智慧之窗，營造一座百花綻放的世界文明公園，

任君遨遊、取菁吸蜜、嘉惠學子！